北京市高等教育精品教材立项项目

"创新设计思维"
数字媒体与艺术设计类新形态丛书

U0202776

平面设计制作 标准教程

微课版 第2版

Photoshop CC + CorelDRAW X8

互联网＋数字艺术教育研究院 ◎ 策划

周建国 王若慧 ◎ 主编

段晴英 张松林 ◎ 副主编

人民邮电出版社
北京

图书在版编目（ＣＩＰ）数据

平面设计制作标准教程：Photoshop CC+CorelDRAW X8：微课版 / 周建国，王若慧主编. -- 2版. -- 北京：人民邮电出版社，2022.1（2024.7重印）

（"创新设计思维"数字媒体与艺术设计类新形态丛书）

ISBN 978-7-115-56211-1

Ⅰ. ①平… Ⅱ. ①周… ②王… Ⅲ. ①平面设计－图形软件－教材 Ⅳ. ①TP391.41

中国版本图书馆CIP数据核字(2021)第054110号

内 容 提 要

Photoshop 和 CorelDRAW 分别是当今流行的图像处理和矢量图形设计软件，被广泛应用于平面设计、包装设计、出版等领域。本书根据高等院校教师和学生的实际需求，以平面设计的典型应用为主线，通过多个精彩实用的案例，全面细致地讲解如何利用 Photoshop 和 CorelDRAW 完成专业的平面设计项目，使读者在掌握软件功能和制作技巧的基础上，开拓设计思路，提高设计能力。

本书适合作为高等院校数字媒体艺术专业相关课程的教材，也可作为 Photoshop 和 CorelDRAW 的初学者及有一定平面设计经验人员的参考书。

◆ 主　　编　周建国　王若慧
　　副主编　段晴英　张松林
　　责任编辑　许金霞
　　责任印制　王　郁　马振武

◆ 人民邮电出版社出版发行　　北京市丰台区成寿寺路 11 号
　邮编　100164　电子邮件　315@ptpress.com.cn
　网址　https://www.ptpress.com.cn
　北京七彩京通数码快印有限公司印刷

◆ 开本：787×1092　1/16
　印张：17.5　　　　　　　　　2022 年 1 月第 2 版
　字数：406 千字　　　　　　　2024 年 7 月北京第 2 次印刷

定价：59.80 元

读者服务热线：**(010)81055256**　印装质量热线：**(010)81055316**
反盗版热线：**(010)81055315**
广告经营许可证：京东市监广登字 20170147 号

前言 / FOREWORD

编写目的

Photoshop 和 CorelDRAW 自推出之日起就深受图形图像爱好者和平面设计人员的喜爱，分别是当今流行的图像处理和矢量图形设计软件，被广泛应用于平面设计、包装设计、出版等诸多领域。为了使读者能够充分利用 Photoshop 和 CorelDRAW 的优势，设计出更有创意的平面设计作品，我们几位长期在本科院校从事艺术设计教学的教师与专业设计公司经验丰富的设计师合作编写了本书。

内容特点

本书以平面设计的典型应用为主线，通过多个精彩实用的案例，全面系统地讲解如何利用 Photoshop 和 CorelDRAW 完成专业的平面设计项目。

精选商业案例： 精心挑选来自平面设计公司的商业案例，对 Photoshop 和 CorelDRAW 结合使用的方法和技巧进行了深入的分析，并融入实战经验和相关知识，详细地讲解了案例的操作步骤和技法，力求使读者在掌握软件功能和制作技巧的基础上，能够开拓设计思路，提高设计能力。

软件功能解析： 在对软件的基本操作进行讲解后，再通过对软件具体功能的详细解析，使读者系统地掌握软件各功能的应用方法。

课堂练习和课后习题： 为帮助读者巩固所学知识，本书设置了"课堂练习"以提高读者的设计能力，还设置了难度略有提升的"课后习题"，以拓展读者的实际应用能力。

明确设计目标，
总结知识要点

精选商业案例，
素材资源丰富

分步拆解案例，
详述操作方法

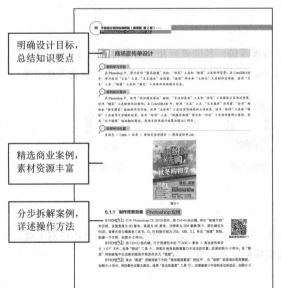

课后强化训练，
拓展应用能力

扫码观看操作，
实操边学边练

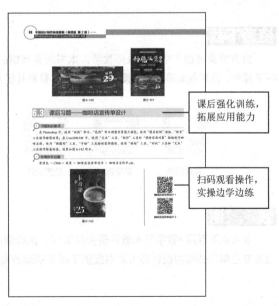

学时安排

本书的参考学时为 64 学时，讲授环节为 38 学时，实训环节为 26 学时。各章的参考学时参见以下学时分配表。

章	课程内容	学时分配/学时	
		讲 授	实 训
第 1 章	平面设计的基础知识	1	
第 2 章	图形图像的基础知识	1	
第 3 章	标志设计	2	2
第 4 章	卡片设计	2	2
第 5 章	电商 Banner 设计	2	2
第 6 章	宣传单设计	2	2
第 7 章	广告设计	2	2
第 8 章	海报设计	2	2
第 9 章	画册设计	4	2
第 10 章	书籍装帧设计	4	2
第 11 章	包装设计	4	2
第 12 章	网页设计	2	2
第 13 章	UI 设计	4	2
第 14 章	VI 设计	6	4
	课时总计/学时	38	26

资源下载

为方便读者线下学习及教师教学，本书所有案例的微课视频、基础素材和效果文件，以及教学大纲、PPT 课件、教学教案等资料，读者可登录人邮教育社区（www.ryjiaoyu.com），在本书页面中免费下载使用。

微课视频　　基础素材　　效果文件　　教学大纲　　PPT 课件　　教学教案

致　谢

本书由互联网+数字艺术教育研究院策划，由周建国、王若慧担任主编，段晴英、张松林担任副主编。相关专业制作公司的设计师为本书提供了很多精彩的商业案例，在此表示感谢。

编　者
2021 年 5 月

目录 / CONTENT

CONTENT

CONTENT

Chapter

1

第 1 章
平面设计的基础知识

本章主要介绍平面设计的基础知识，其中包括平面设计的概念、应用、要素、常用软件和工作流程等内容。作为一个平面设计师，只有对平面设计的基础知识进行全面的了解和掌握，才能更好地完成平面设计制作任务。

课堂学习目标

- 了解平面设计的
  概念和应用

- 了解平面设计的
  要素和常用软件

- 掌握平面设计的
  工作流程

1.1 平面设计的概念

1922年，美国人威廉·阿迪逊·德威金斯最早提出和使用了"平面设计（Graphic Design）"一词。20世纪70年代，设计艺术得到了充分的发展，"平面设计"成为国际设计界认可的术语。

平面设计是一个涉及经济学、信息学、心理学和设计学等领域的创造性视觉艺术学科。它通过二维空间进行表现，通过图形、文字、色彩等元素的编排和设计来进行视觉沟通与信息传达。平面设计师可以利用专业知识和技术来完成设计任务。

1.2 平面设计的应用

目前常见的平面设计应用，可以归纳为九大类：广告设计、书籍设计、刊物设计、包装设计、网页设计、标志设计、VI设计、UI设计和H5设计。

1.2.1 广告设计

现代社会，信息传递的速度日益加快，传播方式多种多样。广告凭借着各种信息传递媒介出现在人们日常生活的方方面面，已成为社会生活中不可缺少的一部分。与此同时，广告艺术也凭借着异彩纷呈的表现形式、丰富多彩的内容信息及快捷便利的传播条件，强有力地冲击着我们的视听神经。

广告的英语译文为Advertisement，最早从拉丁文Adverture演化而来，其含义是"吸引人注意"。从通俗意义上讲，广告即广而告之。不仅如此，广告还同时包含两方面的含义：从广义上讲，广告是指向公众通知某一件事并最终达到广而告之的目的；从狭义上讲，广告主要指营利性广告，即广告主为了某种特定的需要，通过一定形式的媒介，消耗一定的费用，公开而广泛地向公众传递某种信息并最终从中获利的宣传手段。

广告设计是指通过图像、文字、色彩、版面、图形等视觉元素，结合广告媒体的使用特征构成的艺术表现形式，是为了实现传达广告目的和意图的艺术创意设计。

平面广告的类别主要包括快讯商品（Direct Mail, DM）广告、店头陈设（Point of Purchase, POP）广告、杂志广告、报纸广告、招贴广告、网络广告和户外广告等。广告设计的效果如图1-1所示。

图1-1

1.2.2 书籍设计

书籍是人类思想交流、知识传播、经验宣传、文化积累的重要依托，承载着古今中外的智慧结晶，而书籍设计的艺术领域更是丰富多彩。

书籍设计（Book Design）又称书籍装帧设计，是指书籍的整体策划及造型设计。策划和设计过程包含了印前、印中、印后对书的形态与传达效果的分析。书籍设计的内容有很多，包括开本、封面、扉页、字体、版面、插图、护封、纸张、印刷、装订和材料的艺术设计等，属于平面设计范畴。

关于书籍的分类，有许多种方法，标准不同，分类也就不同。一般而言，我们按书籍内容涉及的范围，可将书籍分为文学艺术类、少儿动漫类、生活休闲类、人文科学类、科学技术类、经营管理类、医疗教育类等。书籍设计的效果如图 1-2 所示。

图1-2

1.2.3 刊物设计

刊物是指经过装订、带有封面的期刊，它是大众类印刷媒体之一。这种媒体形式最早出现在德国，但在当时，期刊与报纸并无太大区别。随着科技发展和生活水平的不断提高，期刊开始与报纸越来越不一样，其内容也更偏重专题、质量、深度，而非时效性。

期刊的读者群体有其特定性和固定性，所以，期刊对特定的人群更具有针对性，例如进行专业性较强的行业信息交流。正是由于这种特点，期刊内容的传播相对比较精准。同时，由于期刊大多为月刊和半月刊，注重内容质量的打造，所以比报纸的保存时间要长很多。

在设计期刊时所依据的规格主要是参照其样本和开本进行版面划分，设计风格、设计元素和设计色彩都要和刊物本身的定位相呼应。由于期刊一般会选用质量较好的纸张进行印刷，所以，期刊印刷质量高，画面图像的印刷工艺精美、还原效果好、视觉形象清晰。

期刊类媒体分为消费者期刊、专业性期刊、行业性期刊等三个不同类别，具体包括财经期刊、IT 期刊、动漫期刊、家居期刊、健康期刊、教育期刊、旅游期刊、美食期刊、汽车期刊、人物期刊、时尚期刊、数码期刊等。刊物设计的效果如图 1-3 所示。

图1-3

1.2.4 包装设计

包装设计是艺术设计与科学技术相结合的设计方法，是技术、艺术、设计、材料、经济、管理、心理、市场等综合要素的体现，是多学科融会贯通的一门综合学科。

包装设计的广义概念，是指包装的整体策划工程，其主要内容包括包装方法的设计、包装材料的设计、视觉传达设计、包装机械的设计与应用、包装试验、包装成本的设计及包装的管理等。

包装设计的狭义概念，是指选用适合商品的包装材料，运用巧妙的制造工艺手段，为商品进行容器结构功能化设计和形象化视觉造型设计，使之具备整合容纳、保护产品、方便储运、优化形象、传达属性和促进销售等功能。

按商品内容分类，包装设计可以分为日用品包装设计、食品包装设计、烟酒包装设计、化妆品包装设计、医药包装设计、文体包装设计、工艺品包装设计、化学品包装设计、五金家电包装设计、纺织品包装设计、儿童玩具包装设计、土特产包装设计等。包装设计的效果如图1-4所示。

图1-4

1.2.5 网页设计

网页设计是指根据网站所要表达的主旨，整合归纳网站信息后，进行的版面编排和美化设计。网页设计，可以让网页信息更有条理、页面更具有美感，从而提高网页的信息传达和阅读效率。网页设计者要掌握平面设计的基础理论和设计技巧，熟悉网页配色、网站风格、网页制作技术等网页设计知识，创造出符合项目设计需求的艺术化和人性化的网页。

根据网页的不同属性，网页可分为商业性网页、综合性网页、娱乐性网页、文化性网页、行业性网页、区域性网页等。网页设计的效果如图1-5所示。

图1-5

图1-5（续）

1.2.6　标志设计

标志是具有象征意义的视觉符号。它借助图形和文字的巧妙设计组合，艺术地传递出某种信息，表达某种特殊的含义。标志设计是指将具体的事物和抽象的精神通过特定的图形和符号固定下来，使人们在看到标志设计的同时，自然地产生联想，从而对企业产生认同感。对于一个企业而言，标志渗透到了企业运营的各个环节，例如日常经营活动、广告宣传、对外交流、文化建设等。作为企业的无形资产，它的价值随同企业的增值不断累积。

按功能分类，标志可以分为政府标志、机构标志、城市标志、商业标志、纪念标志、文化标志、环境标志、交通标志等。标志设计的效果如图 1-6 所示。

图1-6

1.2.7　VI 设计

VI（Visual Identity）即企业视觉识别，是指以建立企业的理念识别为基础，将企业理念、企业使命、企业价值观经营概念变为静态的具体识别符号，并进行具体化、视觉化的传播。企业视觉识别具体指通过各种媒体将企业形象广告、标志、产品包装等有计划地传递给社会公众，树立企业整体统一的识别形象。

VI 是 CI 中项目最多、层面最广、效果最直接的向社会传递信息的部分，最具有传播力和感染力，也最容易被公众接受，短期内获得的影响也最明显。社会公众可以一目了然地掌握企业的信息，产生认同感，进而达到企业识别的目的。成功的 VI 设计能使企业及其产品在市场中获得较强的竞争力。

VI 主要由两大部分组成，即基础识别部分和应用识别部分。其中，基础识别部分主要包括企业标志、标准字体与印刷专用字体、色彩系统、辅助图形、品牌角色（吉祥物）等。应用识别部分包括办公系统、标识系统、广告系统、旗帜系统、服饰系统、交通系列、展示系统等。VI 设计的效果如图 1-7 所示。

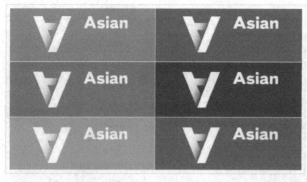

图1-7

1.2.8 UI 设计

UI（User Interface）设计，即用户界面设计，是指对软件的人机交互、操作逻辑、界面美观的整体设计。

UI 设计从早期的专注于工具的技法型表现，到现在要求 UI 设计师参与到整个商业链条，兼顾商业目标和用户体验，可以看出国内的 UI 设计行业发展是跨越式的。UI 设计从设计风格、技术实现到应用领域都发生了巨大的变化。

UI 设计的风格经历了由拟物化设计到扁平化设计的转变，现在扁平化风格依然为主流，但加入了Material Design（材料设计）语言（是由 Google 推出的全新设计语言），使设计更为醒目且细腻。

UI 设计的应用领域已由原先的 PC 端和移动端扩展到可穿戴设备、无人驾驶汽车、AI 机器人等，更为广阔。今后无论技术如何进步，设计风格如何转变，甚至于应用领域如何不同，UI 设计都将参与到产品设计的整个链条中，实现人性化、包容化、多元化的目标。UI 设计的效果如图 1-8 所示。

图1-8

1.2.9　H5 设计

这里 H5 指的是移动端上基于 HTML 5 技术的交互动态网页,它是用于移动互联网的一种新型营销工具,主要通过移动平台传播。

H5 具有跨平台、多媒体、强互动以及易传播的特点。H5 的应用形式多样,常见的应用领域有品牌宣传、产品展示、活动推广、知识分享、新闻热点、会议邀请、企业招聘、培训招生等。

H5 可分为营销宣传、知识新闻、游戏互动以及网站应用这四类。H5 设计的效果如图 1-9 所示。

图1-9

1.3 平面设计的要素

平面设计作品主要包括图形、文字及色彩3个基本要素，这3个基本要素组成了完整的平面设计作品。每个要素在平面设计作品中都起到了举足轻重的作用，它们之间的相互影响和各种变化都会使平面设计作品产生更加丰富的视觉效果。

1.3.1 图形

通常，人们在欣赏一个平面设计作品时，首先注意到的是图片，其次是标题，最后才是正文。如果说标题和正文作为符号化的文字受地域和语言背景的限制，那么图形信息的传递则不受国家、民族、种族语言的限制，它是一种通行于世界的语言，具有广泛的传播性。因此，图形创意策划的选择直接关系到平面设计的成败。图形的设计也是整个设计内容最直观的体现，它最大限度地表现了作品的主题和内涵，效果如图1-10所示。

图1-10

1.3.2 文字

文字是最基本的信息传递符号。在平面设计工作中，相对于图形而言，文字的设计安排也占有相当重要的地位，是体现内容传播功能最直接的形式。在平面设计作品中，文字的字体造型和构图编排都直接影响到作品的诉求效果和视觉表现力，效果如图1-11所示。

图1-11

1.3.3 色彩

平面设计作品给人的整体感受取决于作品画面的整体色彩。作为平面设计组成的重要因素之一，色彩的色调与搭配受宣传主题、企业形象、推广地域等因素的共同影响。因此，在平面设计中要考虑消费者对颜色的一些固定心理感受以及相关的地域文化，效果如图 1-12 所示。

图 1-12

1.4 平面设计的常用软件

目前在平面设计工作中，经常使用的主流软件有 Photoshop、CorelDRAW 和 InDesign。这 3 款软件，每一款都有鲜明的功能特色。要想根据创意制作出完美的平面设计作品，就需要熟练使用这 3 款软件，并能巧妙地结合利用不同软件的优势。

1.4.1 Photoshop

Photoshop 是 Adobe 公司出品的最强大的图像处理软件之一，是集编辑修饰、制作处理、创意编排、图像输入与输出于一体的图形图像处理软件，深受平面设计人员、电脑艺术工作者和摄影爱好者的喜爱。通过软件版本升级，Photoshop 功能不断完善，已经成为迄今为止世界上最畅销的图像处理软件。Photoshop CC 2019 软件启动界面如图 1-13 所示。

图 1-13

Photoshop 的主要功能包括绘制和编辑选区、绘制与修饰图像、绘制图形及路径、调整图像的色彩和色调、应用图层、使用文字、使用通道和蒙版、应用滤镜及动作。这些功能可以全面地辅助平面设计作品的创作。

适合使用 Photoshop 完成的平面设计任务有：图像抠像、图像调色、图像特效、文字特效、插图设计等。

1.4.2　CorelDRAW

CorelDRAW 是由 Corel 公司开发的集矢量图形设计、印刷排版、文字编辑处理和图形输出于一体的平面设计软件。它是丰富的创作力与强大功能的完美结合，深受平面设计师、插画师和版式编排人员的喜爱，已经成为设计师的必备工具。CorelDRAW X8 软件启动界面如图 1-14 所示。

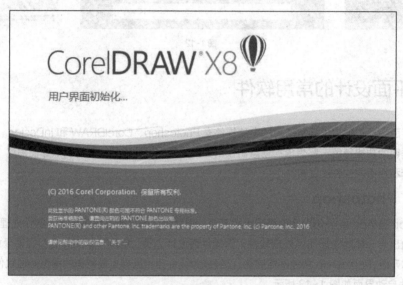

图1-14

CorelDRAW 的主要功能包括绘制和编辑图形、绘制和编辑曲线、编辑轮廓线与填充颜色、排列和组合对象、编辑文本、编辑位图和应用特殊效果。这些功能可以全面地辅助平面设计作品的创意与制作。

适合使用 CorelDRAW 完成的平面设计任务有：标志设计、图表设计、模型绘制、插图设计、单页设计排版、折页设计排版、分色输出等。

1.4.3　InDesign

InDesign 是由 Adobe 公司开发的专业排版设计软件，是专业出版方案的新平台。它功能强大、易学易用，能够使读者通过内置的创意工具和精确的排版控制为打印或数字出版物设计出极具吸引力的页面版式，深受版式编排人员和平面设计师的喜爱，已经成为图文排版领域最流行的软件之一。InDesign CC 2019 软件启动界面如图 1-15 所示。

InDesign 的主要功能包括绘制和编辑图形对象、绘制与编辑路径、编辑描边与填充、编辑文本、处理图像、编排版式、处理表格与图层、编排页面、编辑书籍和目录。这些功能可以全面地辅助平面设计作品的创意设计与排版制作。

适合使用 InDesign 完成的平面设计任务有：图表设计、单页排版、折页排版、广告设计、报纸设计、杂志设计、书籍设计等。

图 1-15

1.5 平面设计的工作流程

　　平面设计是一个有明确目标、有正确理念、有负责态度、有周密计划、有清晰步骤、有具体方法的工作过程。好的设计作品都是在完美的工作流程中产生的。平面设计的工作流程如图 1-16 所示。

图 1-16

1. 信息交流

　　客户提出设计项目的构想和工作要求，并提供项目相关文本和图片资料，包括公司介绍、项目描述、基本要求等。

2. 调研分析

　　根据客户提出的设计构想和要求，运用客户的相关文本和图片资料，对客户的设计需求进行分析，并对客户同行业或同类型的设计产品进行市场调研。

3. 草稿讨论

　　根据已经做好的分析和调研，设计师组织设计团队，依据创意构想设计出项目的创意草稿，并制作出样稿；然后拜访客户，双方就设计的草稿内容进行沟通讨论，并根据需要补充相关资料，达成设计构想上的共识。

4. 签订合同

　　在双方就设计草稿达成共识后，双方确认设计的具体细节、设计报价和完成时间，签订《设计协议书》，客户支付项目预付款，设计工作正式展开。

5. 提案讨论

设计师团队根据前期的市场调研和客户需求，结合双方草稿讨论的意见，开始方案的策划、设计和制作工作。设计师一般要完成 3 个设计方案，供客户选择，并与客户开会讨论提案，客户根据提案作品，提出修改建议。

6. 修改完善

根据提案会议的讨论内容和修改意见，设计师团队对客户基本满意的方案进行修改调整，进一步完善整体设计，并提交客户进行确认；等客户再次反馈意见后，设计师需对客户提出的修改意见进行更细致的调整，使方案顺利完成。

7. 验收完成

在设计项目完成后，设计师团队要和客户一起对完成的设计项目进行验收，并由客户在设计合格确认书上签字。客户按协议书规定支付项目设计余款，设计方将项目制作文件提交给客户，整个设计项目执行完成。

8. 后期制作

在设计项目完成后，客户可能需要设计方进行设计项目的印刷包装等后期制作工作。如果设计方承接了后期制作工作，就需要和客户签订详细的后期制作合同，并执行好后期的制作工作。

Chapter

2

第 2 章
图形图像的基础知识

本章主要介绍图形图像的基础知识，其中包括位图和矢量图、分辨率、图像的色彩模式和文件格式等内容。通过本章的学习，读者可以快速掌握图形图像的基本概念和基础知识，有助于更好地开始平面设计的学习和实践。

课堂学习目标

● 了解位图与矢量图的区别

● 了解图像的分辨率

● 了解常用的色彩模式和文件格式

2.1 位图和矢量图

图像文件分为两大类：位图和矢量图。在绘图或处理图像的过程中，这两种类型的图像可以相互交叉使用。

2.1.1 位图

位图也称为点阵图，它是由许多单独的小方块组成的，这些小方块又称为像素点，每个像素点都有特定的位置和颜色值。位图图像的显示效果与像素点是紧密联系在一起的，不同排列和着色的像素点组成了一幅色彩丰富的图像。像素点越多，图像的分辨率越高，图像的文件量也就越大。

位图的原始效果如图 2-1 所示。使用放大工具放大后，可以清晰地看到像素的小方块形状与不同的颜色，效果如图 2-2 所示。

图 2-1 图 2-2

位图与分辨率有关，如果在屏幕上以较大的倍数放大显示图像，或以低于创建时的分辨率打印图像，图像就会出现锯齿状的边缘，并且会丢失细节。

2.1.2 矢量图

矢量图也称为向量图，它是一种基于图形的几何特性来描述的图像。矢量图中的各种图形元素称为对象，每一个对象都是独立的个体，都具有大小、颜色、形状和轮廓等特性。

矢量图与分辨率无关，将它缩放到任意大小，其清晰度都不会变，也不会出现锯齿状的边缘。在任何分辨率下显示或打印矢量图都不会损失细节。矢量图的原始效果如图 2-3 所示。使用放大工具放大后，其清晰度不变，效果如图 2-4 所示。

图 2-3 图 2-4

矢量图文件所占的容量较小，但这种图形的缺点是不宜制作色调丰富的图像，而且绘制出来的图形无法像位图那样精确地描绘各种绚丽的景象。

2.2　分辨率

分辨率是用于描述图像文件信息的术语。分辨率分为图像分辨率、屏幕分辨率和输出分辨率。下面将分别进行讲解。

2.2.1　图像分辨率

在 Photoshop 中，图像中每单位长度上的像素数目称为图像分辨率，其单位为像素/英寸或是像素/厘米。

在相同尺寸的两幅图像中，高分辨率的图像包含的像素比低分辨率的图像包含的像素多。例如，一幅尺寸为 1 英寸×1 英寸的图像，其分辨率为 72 像素/英寸，这幅图像包含 5184 个像素（72×72＝5184）。同样尺寸，分辨率为 300 像素/英寸的图像，图像包含 90000 个像素。在相同尺寸下，分辨率为 72 像素/英寸的图像效果如图 2-5 所示；分辨率为 300 像素/英寸的图像效果如图 2-6 所示。由此可见，在相同尺寸下，高分辨率的图像能更清晰地表现图像内容。（注：1 英寸=2.54 厘米）

图2-5　　　　　　　　　　　　　　　　　图2-6

如果一幅图像所包含的像素是固定的，那么增加图像尺寸就会降低图像分辨率。

2.2.2　屏幕分辨率

屏幕分辨率是显示器上每单位长度显示的像素数目。屏幕分辨率取决于显示器大小加上其像素设置。PC 显示器的分辨率一般约为 96 像素/英寸，Mac 显示器的分辨率一般约为 72 像素/英寸。在 Photoshop 中，图像像素被直接转换成显示器像素，当图像分辨率高于显示器分辨率时，屏幕中显示出的图像比实际尺寸大。

2.2.3　输出分辨率

输出分辨率是照排机或打印机等输出设备产生的每英寸的油墨点数（dpi）。打印机的分辨率在 150 dpi 以上的，可以使图像获得比较好的效果。

2.3　色彩模式

Photoshop 和 CorelDRAW 提供了多种色彩模式，这些色彩模式正是作品能够在屏幕和印刷品上成功表现的重要保障。在这里重点介绍几种经常使用到的色彩模式，包括 RGB 模式、CMYK 模式、灰度模式及 Lab 模式。每种色彩模式都有不同的色域，并且各个模式之间可以相互转换。

2.3.1　RGB 模式

RGB 模式是一种加色模式，它通过红、绿、蓝 3 种色光叠加而形成更多的颜色。RGB 是色光的彩色模式，一幅 24 位色彩范围的 RGB 图像有 3 个色彩信息通道：红色（R）、绿色（G）和蓝色（B）。在 Photoshop 中，RGB"颜色"控制面板如图 2-7 所示。在 CorelDRAW 中的"编辑填充"对话框中选择 RGB 色彩模式，可以设置 RGB 颜色，如图 2-8 所示。

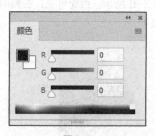
图 2-7

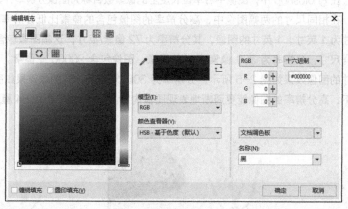
图 2-8

每个通道都有 8 位的色彩信息，即一个 0~255 的亮度值色域。也就是说，每一种色彩都有 256 个亮度水平级。3 种色彩叠加，可以有 256×256×256=1670 万种可能的颜色。这 1670 万种颜色足以表现出绚丽多彩的世界。

在 Photoshop 中编辑图像时，RGB 色彩模式应是最佳的选择。因为它可以提供全屏幕的、多达 24 位的色彩范围，一些计算机领域的色彩专家将其称为"True Color"真彩显示。

一般在视频编辑和设计过程中，使用 RGB 模式来编辑和处理图像。

在制作图像过程中，可以随时选择"图像 > 模式 > CMYK 颜色"命令，将图像转换成 CMYK 四色印刷模式。但是一定要注意，在图像转换为 CMYK 四色印刷模式后，就无法再变变回原来图像的 RGB 色彩了。因为 RGB 的色彩模式在转换成 CMYK 色彩模式时，色域外的颜色会变暗，这样才会使整个色彩成为可以印刷的文件。

因此，在将 RGB 模式转换成 CMYK 模式之前，可以选择"视图 > 校样设置 > 工作中的 CMYK"命令，预览一下转换成 CMYK 色彩模式时的图像效果，如果不满意 CMYK 色彩模式效果，还可以根据需要调整图像。

2.3.2　CMYK 模式

CMYK 代表了印刷上用的 4 种油墨色：C 代表青色，M 代表洋红色，Y 代表黄色，K 代表黑色。CMYK 模式在印刷时应用了色彩学中的减法混合原理，即减色色彩模式，它是图片、插图和其他作品中最常用的一种印刷方式。这是因为在印刷中通常都要先进行四色分色，出四色胶片，再进行印刷。

在 Photoshop 中，CMYK "颜色" 控制面板如图 2-9 所示，用户可以在 "颜色" 控制面板中设置 CMYK 颜色。在 CorelDRAW 中的 "编辑填充" 对话框中选择 CMYK 模式，可以设置 CMYK 颜色，如图 2-10 所示。

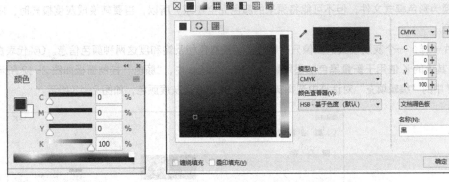

图 2-9　　　　　　　　　　　　　　　　　　图 2-10

在 Photoshop 中制作平面设计作品时，一般会把图像文件的色彩模式设置为 CMYK 模式。在 CorelDRAW 中制作平面设计作品时，绘制的矢量图形和制作的文字都要使用 CMYK 颜色。

在建立一个新的 Photoshop 图像文件时就可以选择 CMYK 四色印刷模式，如图 2-11 所示。

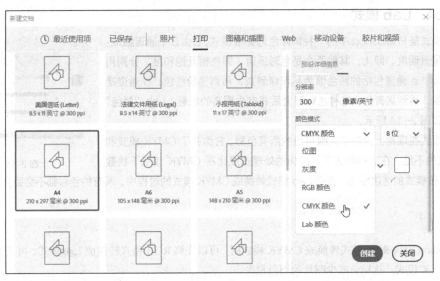

图 2-11

在建立新的 Photoshop 文件时就应该选择 CMYK 四色印刷模式。采用这种方式的优点是能有效防止最后的颜色失真，因为在整个作品的制作过程中，所制作的图像都在可印刷的色域中。

2.3.3　灰度模式

灰度模式图又称为8bit深度图。每个像素用8个二进制数表示，能产生2的8次方即256级灰色调。当一个彩色文件被转换为灰度模式文件时，所有的颜色信息都将从文件中丢失。尽管Photoshop允许将一个灰度文件转换为彩色模式文件，但不可能将原来的颜色完全还原。所以，当要转换成灰度模式时，应先做好图像的备份。

像黑白照片一样，一个灰度模式的图像只有明暗值，没有色相及饱和度这两种颜色信息。0%代表白，100%代表黑，其中的K值用于衡量黑色油墨用量。在Photoshop中，"颜色"控制面板如图2-12所示。在CorelDRAW中的"编辑填充"对话框中选择灰度模式，可以设置灰度颜色，如图2-13所示。

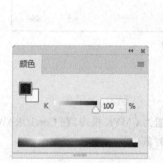

图2-12

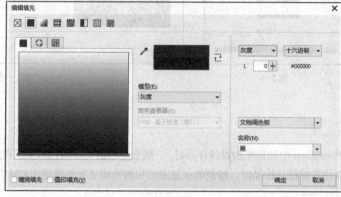

图2-13

2.3.4　Lab模式

Lab模式是Photoshop中的一种国际色彩标准模式，它由3个通道组成：一个通道是透明度，即L；其他两个是色彩通道，即色相及饱和度，分别用a和b表示。a通道包括的颜色值为从深绿到灰，再到亮粉红色；b通道是从亮蓝到灰，再到焦黄色。这种色彩混合后将产生明亮的色彩。Lab"颜色"控制面板如图2-14所示。

Lab模式在理论上包括了人眼可见的所有色彩，它弥补了CMYK模式和RGB模式的不足。在这种模式下，图像的处理速度比在CMYK模式下快数倍，与RGB模式的速度相仿。在把Lab模式转换成CMYK模式的过程中，所有的色彩都不会丢失或被替换。

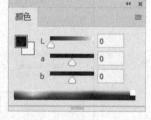

图2-14

 提示

在Photoshop中将RGB模式转换成CMYK模式时，可以先将RGB模式转换成Lab模式，再从Lab模式转成CMYK模式。这样会减少图片的颜色损失。

2.4　文件格式

当平面设计作品制作完成后需要进行存储时，选择一种合适的文件格式就显得十分重要。在Photoshop和CorelDRAW中有20多种文件格式可供选择。在这些文件格式中，既有Photoshop和CorelDRAW的专用格式，也有用于应用程序交换的文件格式，还有一些比较特殊的格式。下面重点讲解几种平面设计中常用的文件存储格式。

2.4.1　TIF（TIFF）格式

TIF 也称为 TIFF，是标签图像格式。TIF 格式对于色彩通道图像来说具有很强的可移植性，它可以用于 PC、Macintosh 和 UNIX 工作站三大平台，是这三大平台上使用最广泛的绘图格式。

用 TIF 格式存储时应考虑到文件的大小，因为 TIF 格式的结构要比其他格式更大、更复杂。但 TIF 格式支持 24 个通道，能存储多于 4 个通道的文件。TIF 格式还允许使用 Photoshop 中的复杂工具和滤镜特效。

提示

> TIF 格式非常适用于印刷和输出。在 Photoshop 中编辑处理的图片文件一般都会被存储为 TIF 格式，然后工作人员将其导入 CorelDRAW 的平面设计文件中进行编辑处理。

2.4.2　CDR 格式

CDR 格式是 CorelDRAW 的专用图形文件格式。由于 CorelDRAW 是矢量图形绘制软件，所以 CDR 可以记录文件的属性、位置、分页等。但它在兼容度上比较差，在所有 CorelDRAW 应用程序中均能够使用，而在其他图像编辑软件中却无法打开此类文件。

2.4.3　PSD 格式

PSD 格式是 Photoshop 软件自身的专用文件格式。PSD 格式能够保存图像数据的细小部分，如图层、蒙版、通道等 Photoshop 对图像进行特殊处理的信息。在没有最终决定图像的存储格式前，最好先以这种格式存储。另外，使用 Photoshop 打开和存储这种格式的文件比打开其他格式的文件更快。

2.4.4　AI 格式

AI 是一种矢量图片格式，是 Adobe 公司的 Illustrator 软件的专用格式。它的兼容度比较高，可以在 CorelDRAW 中打开，也可以将 CDR 格式的文件导出为 AI 格式。

2.4.5　Indd 和 Indb 格式

Indd 格式是 InDesign 软件的专用文件格式。由于 InDesign 是专业的排版软件，所以 Indd 格式可以记录排版文件的版面编排、文字处理等内容。但它在兼容性上比较差，一般不为其他软件所用。Indb 格式是 InDesign 的书籍格式，它只是一个容器，可以把多个 Indd 文件集合在一起。

2.4.6　JPEG 格式

联合图片专家组（Joint Photographic Experts Group，JPEG）既是 Photoshop 支持的一种文件格式，也是一种压缩方案。它是 Macintosh 上常用的一种存储类型。JPEG 格式是压缩格式中的佼佼者，与 TIF 文件格式采用的 LIW 无损压缩相比，它的压缩比例更大。但它使用的有损压缩会丢失部分数据。用户可以在存储前选择图像的最后质量，这样就能控制数据的损失程度。

在 Photoshop 中，可以选择低、中、高和最高 4 种图像压缩品质。以高质量保存图像会比以其他质量保存的形式占用更大的磁盘空间，而选择低质量保存图像则损失的数据较多，但占用的磁盘空间较少。

2.4.7 EPS 格式

EPS 格式为压缩的 PostScript 格式，是一种为在 PostScript 打印机上输出图像开发的格式。其最大优点是在排版软件中可以以低分辨率预览，而在打印时可以以高分辨率输出。它不支持 Alpha 通道，但支持裁切路径。

EPS 格式支持 Photoshop 中所有的颜色模式，可以用来存储点阵图和向量图形。在存储点阵图时，还可以将图像的白色像素设置为透明的效果，它在位图模式下也支持透明。

2.4.8 PNG 格式

PNG 格式是用于无损压缩和在 Web 浏览器上显示图像的文件格式，是 GIF 格式的无专利替代品。它支持 24 位图像且能产生无锯齿状边缘的背景透明度；还支持无 Alpha 通道的 RGB、索引颜色、灰度和位图模式的图像。某些 Web 浏览器不支持 PNG 图像。

Photoshop CC
+
CorelDRAW X8

Chapter

3

第 3 章
标志设计

标志是一种传达事物特征的特定视觉符号，它代表着企业的形象和文化。企业的服务水平、管理机制及综合实力都可以通过标志来体现。在企业视觉战略推广中，标志起着举足轻重的作用。本章以鲸鱼汉堡标志设计为例，讲解标志的制作方法和技巧。

课堂学习目标

- 掌握标志的设计
  思路和过程
- 掌握标志的制作
  方法和技巧

3.1 鲸鱼汉堡标志设计

案例学习目标

在 CorelDRAW 中，学习使用"多种图形绘制"工具、"移除前面对象"按钮、"合并"按钮、"形状"工具和"轮廓笔"工具制作标志，使用"文本"工具、"填充"工具制作标准字；在 Photoshop 中，学习使用多种"添加图层样式"按钮为标志添加立体效果。

案例知识要点

在 CorelDRAW 中，使用"矩形"工具、"转角半径"选项制作面包图形，使用"矩形"工具、"椭圆形"工具、"贝塞尔"工具、"移除前面对象"按钮、"合并"按钮和"填充"工具制作鲸鱼图形，使用"手绘"工具、"形状"工具添加并编辑曲线节点，使用"文本"工具、"椭圆形"工具、"垂直居中对齐"命令添加并编辑标准字；在 Photoshop 中，使用"图案叠加"命令为背景添加图案叠加效果，使用"置入"命令、"斜面和浮雕"命令、"内阴影"命令和"投影"命令制作标志图形的立体效果。鲸鱼汉堡标志设计效果如图 3-1 所示。

效果所在位置

资源包 >Ch03> 效果 > 鲸鱼汉堡标志设计 > 鲸鱼汉堡标志.cdr、鲸鱼汉堡标志立体效果.psd。

图 3-1

3.1.1 制作面包图形 CorelDRAW 应用

STEP 1 打开 CorelDRAW X8 软件，按 Ctrl+N 组合键，新建一个 A4 页面。单击属性栏中的"横向"按钮，显示为横向页面。

STEP 2 选择"矩形"工具，在页面中的适当位置绘制一个矩形，如图 3-2 所示。选择"选择"工具，按数字键盘上的+键，复制矩形。按住 Shift 键的同时，垂直向上拖曳复制的矩形到适当的位置，效果如图 3-3 所示。

鲸鱼汉堡标志设计 1

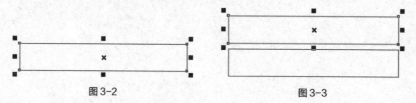

图 3-2　　　　　图 3-3

STEP 3 保持图形选取状态。向下拖曳矩形中间的控制手柄到适当的位置，调整其大小，效果如图 3-4 所示。用相同的方法再复制一个矩形，并调整其大小，效果如图 3-5 所示。

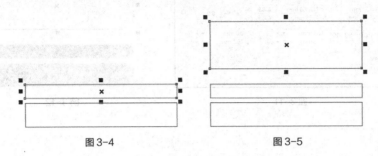

图 3-4　　　　　　　　　　　　　　图 3-5

STEP 4 选择"选择"工具 ，选取最下方的矩形，在属性栏中将"转角半径"选项设置为 0.0mm 和 12.3mm，如图 3-6 所示。按 Enter 键。效果如图 3-7 所示。

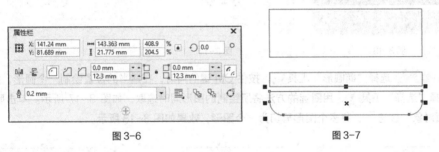

图 3-6　　　　　　　　　　　　　　图 3-7

STEP 5 保持图形选取状态。设置图形颜色的 CMYK 值为 0、87、100、0，填充图形；在"无填充"按钮 上单击鼠标右键，去除图形的轮廓线，效果如图 3-8 所示。

STEP 6 选取中间的矩形，在属性栏中将"转角半径"选项均设置为 12.3mm，按 Enter 键，效果如图 3-9 所示。在"CMYK 调色板"中的"红"色块上单击鼠标左键填充图形，并去除图形的轮廓线，效果如图 3-10 所示。

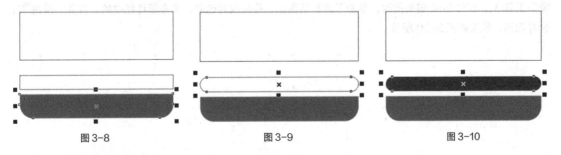

图 3-8　　　　　　　　图 3-9　　　　　　　　图 3-10

3.1.2 制作鲸鱼图形

STEP 1 选取最上方的矩形，在属性栏中将"转角半径"选项分别设置为 12.3mm 和 0.0mm，如图 3-11 所示。按 Enter 键，效果如图 3-12 所示。

STEP 2 选择"矩形"工具 ，在适当的位置分别绘制矩形，如图 3-13 所示。选择"选择"工具 ，用圈选的方法选取需要的矩形，再次单击选取的矩形，使其处于旋转状态，如图 3-14 所示。向右拖曳中间的控制手柄到适当的位置，倾斜矩形，效果如图 3-15 所示。

鲸鱼汉堡标志设计 2

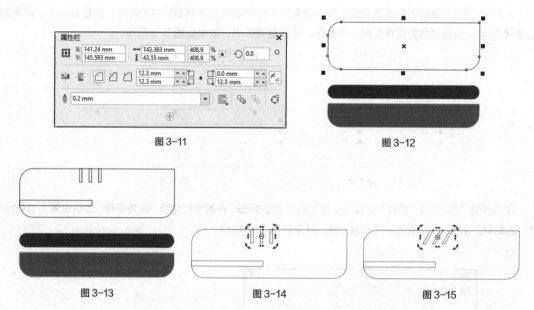

图 3-11　　　　　　　　　　　　　　　　　　图 3-12

图 3-13　　　　　　　　　　图 3-14　　　　　　　　　　图 3-15

STEP 3 选择"椭圆形"工具○，按住 Ctrl 键的同时，在适当的位置绘制一个圆形，如图 3-16 所示。选择"选择"工具▶，用圈选的方法将所绘制的图形同时选取，如图 3-17 所示。单击属性栏中的"移除前面对象"按钮□，将多个图形剪切为一个图形，效果如图 3-18 所示。

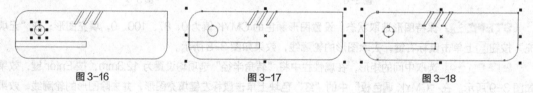

图 3-16　　　　　　　　　　图 3-17　　　　　　　　　　图 3-18

STEP 4 选择"贝塞尔"工具✎，在适当的位置绘制一个不规则图形，如图 3-19 所示。选择"选择"工具▶，按住 Shift 键的同时，单击下方剪切图形，将其同时选取，单击属性栏中的"合并"按钮□，合并图形，效果如图 3-20 所示。

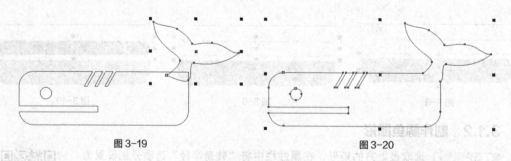

图 3-19　　　　　　　　　　　　　　　　　　图 3-20

STEP 5 选择"形状"工具╏，选取需要的节点，如图 3-21 所示。单击属性栏中的"平滑节点"按钮╱，将节点转换为平滑节点，效果如图 3-22 所示。

STEP 6 选择"选择"工具▶，选取图形，设置图形颜色的 CMYK 值为 0、87、100、0，填充图形，并去除图形的轮廓线，效果如图 3-23 所示。选择"手绘"工具╏，按住 Ctrl 键的同时，在适当的位置绘制一条直线，如图 3-24 所示。

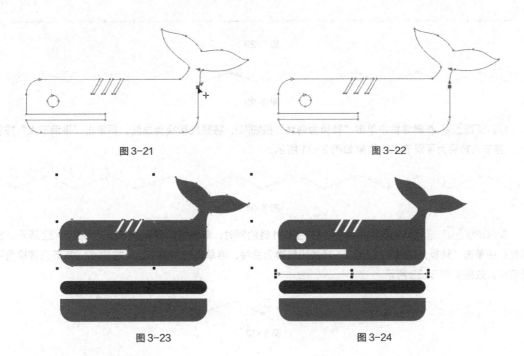

图 3-21　　　　　　　　　　　　　　　　　　　　图 3-22

图 3-23　　　　　　　　　　　　　　　　　　　　图 3-24

3.1.3　编辑曲线节点

STEP 1 选择"形状"工具 ，在直线的中间位置双击鼠标左键添加一个节点，如图 3-25 所示。连续 3 次单击属性栏中的"添加节点"按钮 ，在直线上添加多个节点，如图 3-26 所示。

鲸鱼汉堡标志设计 3

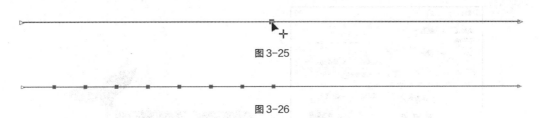

图 3-25

图 3-26

STEP 2 使用"形状"工具 ，选取最后一个节点，如图 3-27 所示。连续 3 次单击属性栏中的"添加节点"按钮 ，在直线上添加多个节点，如图 3-28 所示。

图 3-27

图 3-28

STEP 3 使用"形状"工具 ，按住 Ctrl 键的同时，单击选取需要的节点，如图 3-29 所示。向上拖曳节点到适当的位置，如图 3-30 所示。

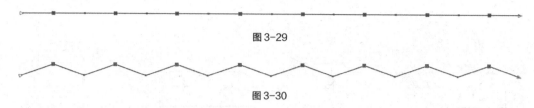

图 3-29

图 3-30

STEP 4 在属性栏中单击"转换为曲线"按钮，将线段转换为曲线，再单击"平滑节点"按钮，将节点转换为平滑节点，效果如图 3-31 所示。

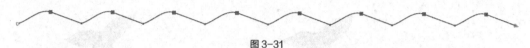

图 3-31

STEP 5 选择"形状"工具，按住 Ctrl 键的同时，单击选取需要的节点，如图 3-32 所示。在属性栏中单击"转换为曲线"按钮，将线段转换为曲线，再单击"平滑节点"按钮，将节点转换为平滑节点，效果如图 3-33 所示。

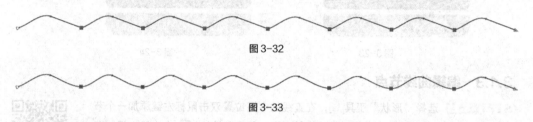

图 3-32

图 3-33

STEP 6 选择"选择"工具，选取直线，按 F12 键，弹出"轮廓笔"对话框，在"颜色"选项中设置轮廓线颜色的 CMYK 值为 0、87、100、0，其他选项的设置如图 3-34 所示。单击"确定"按钮，效果如图 3-35 所示。

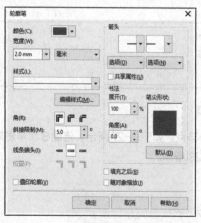

图 3-34

图 3-35

3.1.4 添加并编辑标准字

STEP 1 选择"文本"工具，在适当的位置输入需要的文字，选择"选择"工具，在属性栏中选取适当的字体并设置文字大小，效果如图 3-36 所示。在"CMYK调色板"中的"红"色块上单击鼠标左键，填充文字，效果如图 3-37 所示。

鲸鱼汉堡标志设计 4

图 3-36   图 3-37

STEP 2 选择"文本"工具 字，在适当的位置输入需要的文字，选择"选择"工具 ，在属性栏中选取适当的字体并设置文字大小，效果如图 3-38 所示。设置文字颜色的 CMYK 值为 0、87、100、0，填充文字，效果如图 3-39 所示。

图 3-38    图 3-39

STEP 3 选择"文本"工具 字，选取英文"WHALE"，在属性栏中选取适当的字体，效果如图 3-40 所示。选择"选择"工具 ，按住 Shift 键的同时，单击上方中文文字将其同时选取，按 C 键，将文字垂直居中对齐，效果如图 3-41 所示。

图 3-40    图 3-41

STEP 4 选择"椭圆形"工具 ，按住 Ctrl 键的同时，在适当的位置绘制一个圆形，在"CMYK 调色板"中的"红"色块上单击，填充图形，并去除图形的轮廓线，效果如图 3-42 所示。

STEP 5 选择"选择"工具 ，按数字键盘上的+键，复制圆形。按住 Shift 键的同时，水平向右拖曳复制的圆形到适当的位置，效果如图 3-43 所示。鲸鱼汉堡标志制作完成。

图 3-42    图 3-43

STEP 6 选择"文件 > 导出"命令，弹出"导出"对话框，将其命名为"鲸鱼汉堡标志"，保存为 PNG 格式。单击"导出"按钮，弹出"导出到 PNG"对话框，单击"确定"按钮，导出为 PNG 格式。

3.1.5 制作标志立体效果 Photoshop 应用

STEP 1 按 Ctrl+N 组合键，弹出"新建文档"对话框，设置宽度为 30 厘米，高度为 30 厘米，分辨率为 150 像素/英寸，颜色模式为 RGB，背景内容为白色，单击"创建"按钮，新建一个文档。

鲸鱼汉堡标志设计 5

STEP 2 在"图层"控制面板中，双击"背景"图层，在弹出的"新建图层"对话框中进行设置，如图 3-44 所示。单击"确定"按钮，将"背景"图层转换为"图案"图层，如图 3-45 所示。

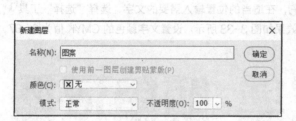

图 3-44   图 3-45

STEP 3 单击"图层"控制面板下方的"添加图层样式"按钮 *fx*，在弹出的菜单中选择"图案叠加"命令，弹出窗口。单击"图案"选项右侧的按钮，弹出图案选择面板，单击面板右上方的按钮，在弹出的菜单中选择"彩色纸"命令，弹出提示对话框，单击"追加"按钮。在图案选择面板中选择"描图纸"图案，如图 3-46 所示。返回到"图案叠加"窗口，其他选项的设置如图 3-47 所示。单击"确定"按钮，效果如图 3-48 所示。

STEP 4 选择"文件 > 置入嵌入对象"命令，弹出"置入嵌入对象"对话框，选择资源包中的"Ch03 > 效果 > 鲸鱼汉堡标志设计 > 鲸鱼汉堡标志.png"文件，单击"置入"按钮，将图片置入图像窗口中，并将其拖曳到适当的位置，按 Enter 键确定操作，效果如图 3-49 所示。在"图层"控制面板中生成新的图层并将其命名为"鲸鱼汉堡标志"。

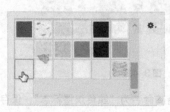
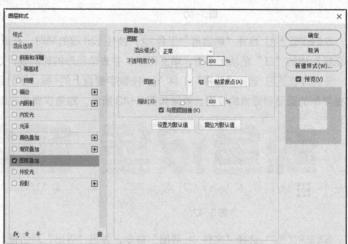

图 3-46   图 3-47

图 3-48   图 3-49

STEP 5 单击"图层"控制面板下方的"添加图层样式"按钮 fx，在弹出的菜单中选择"斜面浮雕"命令，在弹出的窗口中进行设置，如图 3-50 所示。选择"图层样式"对话框左侧的"等高线"选项，切换到相应的窗口，单击"等高线"选项右侧的按钮 ✓，在弹出的面板中选择"环形-双"等高线，如图 3-51 所示。返回到"等高线"窗口，其他选项的设置如图 3-52 所示。

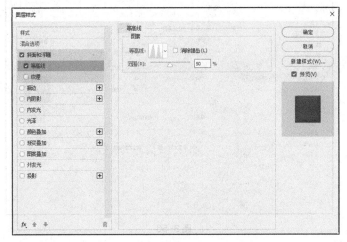

图 3-50

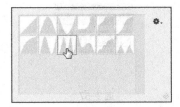

图 3-51   图 3-52

STEP **6** 选择"图层样式"对话框左侧的"纹理"选项，切换到相应的窗口，单击"图案"选项右侧的按钮，在弹出的图案选择面板中选择"White Diagonal"图案，如图3-53所示。返回到"纹理"窗口，其他选项的设置如图3-54所示。单击"确定"按钮，效果如图3-55所示。

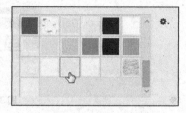

图 3-53

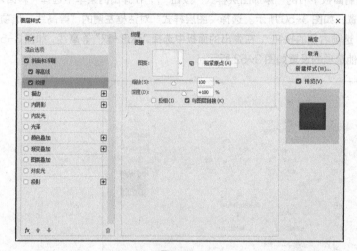

图 3-54

图 3-55

STEP **7** 单击"图层"控制面板下方的"添加图层样式"按钮，在弹出的菜单中选择"内阴影"命令，在弹出的窗口中进行设置，如图3-56所示。单击"确定"按钮，效果如图3-57所示。

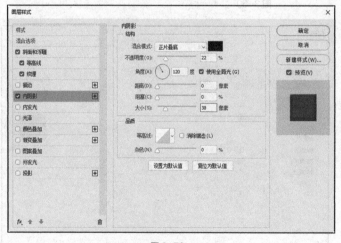

图 3-56

图 3-57

STEP **8** 单击"图层"控制面板下方的"添加图层样式"按钮，在弹出的菜单中选择"投影"

命令，在弹出的窗口中进行设置，如图 3-58 所示。单击"确定"按钮，效果如图 3-59 所示。

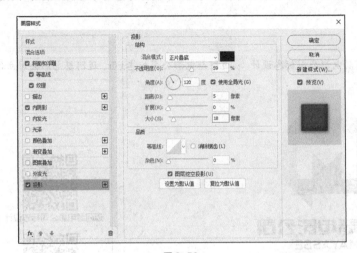

图 3-58   图 3-59

STEP 9 单击"图层"控制面板下方的"创建新的填充或调整图层"按钮 ，在弹出的菜单中选择"色相/饱和度"命令，在"图层"控制面板中生成"色相/饱和度 1"图层，同时在弹出的"色相/饱和度"面板中进行设置，如图 3-60 所示。按 Enter 键确定操作，图像效果如图 3-61 所示。

图 3-60   图 3-61

STEP 10 鲸鱼汉堡标志立体效果制作完成。按 Ctrl+S 组合键，弹出"另存为"对话框，将其命名为"鲸鱼汉堡标志立体效果"，保存为 PSD 格式，单击"保存"按钮，弹出"Photoshop 格式选项"对话框，单击"确定"按钮，将图像保存。

3.2 课后习题——迈阿瑟电影公司标志设计

习题知识要点

在 CorelDRAW 中，使用"选项"命令添加水平和垂直辅助线，使用"矩形"工具、"转换为曲线"命令、"调整节点"工具和"编辑填充"对话框制作标志图形，使用"文本"工具和"对象属性"泊坞窗制作标准字；在 Photoshop 中，使用"变换"命令和"添加图层样式"按钮制作标志图形的立体效果。效果如图 3-62 所示。

效果所在位置

资源包 >Ch03> 效果 > 迈阿瑟电影公司标志设计 > 迈阿瑟电影公司标志.cdr、迈阿瑟电影公司立体效果.psd。

图 3-62

迈阿瑟电影公司标志设计 1

迈阿瑟电影公司标志设计 2

迈阿瑟电影公司标志设计 3

Chapter

4

第 4 章
卡片设计

卡片是人们增进交流的一种载体，是传递信息、交流情感的一种方式。卡片的种类繁多，有邀请卡、祝福卡、生日卡、圣诞卡、新年贺卡等。本章以新年贺卡设计为例，讲解贺卡正面和背面的制作方法和技巧。

课堂学习目标

- 掌握卡片的设计
  思路和过程
- 掌握卡片的制作
  方法和技巧

?

4.1 新年贺卡正面设计

案例学习目标

在 Photoshop 中，学习使用"移动"工具、"图层控制"面板和"添加图层样式"按钮添加贺卡装饰图片，制作贺卡正面底图；在 CorelDRAW 中，学习使用"文本"工具、"形状"工具和"交互式"工具添加标题及祝福性文字。

案例知识要点

在 Photoshop 中，使用"图层的混合模式"选项和"不透明度"选项制作底图纹理，使用"移动"工具和"添加图层样式"按钮添加图片和纹理；在 CorelDRAW 中，使用"导入"命令导入底图，使用"文本"工具、"形状"工具添加并编辑标题文字，使用"轮廓图"工具为文字添加轮廓化效果，使用"阴影"工具为文字添加阴影效果，使用"椭圆形"工具、"文本"工具添加祝福性文字。新年贺卡正面设计效果如图4-1所示。

效果所在位置

资源包＞Ch04＞效果＞新年贺卡正面设计＞新年贺卡正面.cdr。

图4-1

4.1.1 制作贺卡正面底图 Photoshop 应用

STEP 1 打开 Photoshop CC 2019 软件，按 Ctrl+N 组合键，弹出"新建文档"对话框，设置宽度为 20 厘米，高度为 10 厘米，分辨率为 150 像素/英寸，颜色模式为 RGB，背景内容为白色，单击"创建"按钮，新建一个文档。

新年贺卡正面设计 1

STEP 2 按 Ctrl+O 组合键，打开资源包中的"Ch04＞素材＞新年贺卡正面设计＞01"文件。选择"移动"工具 ⊕，将"01"图片拖曳到新建文件的适当位置，效果如图 4-2 所示。在"图层"控制面板中生成新的图层并将其命名为"祥云"。

图4-2

STEP 3 在"图层"控制面板上方，将"祥云"图层的混合模式选项设置为"正片叠底"，"不透明度"选项设置为20%，如图4-3所示。按Enter键确定操作。效果如图4-4所示。

图4-3   图4-4

STEP 4 按Ctrl+O组合键，打开资源包中的"Ch04 > 素材 > 新年贺卡正面设计 > 02"文件。选择"移动"工具 ⊕ ，将"02"图片拖曳到新建文件的适当位置，并调整其大小，效果如图 4-5 所示。在"图层"控制面板中生成新的图层并将其命名为"红色祥云"。按住 Alt 键的同时，在图像窗口中拖曳图片到适当的位置，复制图片，效果如图4-6所示。

图4-5   图4-6

STEP 5 按Ctrl+T组合键，在图像周围出现变换框，在变换框中单击鼠标右键，在弹出的菜单中选择"垂直翻转"命令，翻转图像，按Enter键确定操作，效果如图4-7所示。

STEP 6 按Ctrl+O组合键，打开资源包中的"Ch04 > 素材 > 新年贺卡正面设计 > 03"文件。选择"移动"工具 ⊕ ，将"03"图片拖曳到新建文件的适当位置，并调整其大小，效果如图 4-8 所示。在"图层"控制面板中生成新的图层并将其命名为"红色灯笼"。

图4-7   图4-8

STEP 7 单击"图层"控制面板下方的"添加图层样式"按钮 _fx_ ，在弹出的菜单中选择"投影"命令，弹出窗口，将阴影颜色设置为暗红色（其R、G、B的值分别为76、14、16），其他选项的设置如图

4-9所示，单击"确定"按钮，效果如图4-10所示。

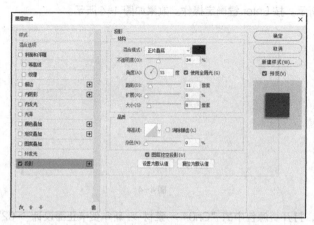

图4-9   图4-10

STEP 8 按Ctrl+O组合键，打开资源包中的"Ch04 > 素材 > 新年贺卡正面设计 > 04"文件。选择"移动"工具 ，将"04"图片拖曳到新建文件的适当位置，效果如图4-11所示。在"图层"控制面板中生成新的图层并将其命名为"桃花"。

图4-11

STEP 9 单击"图层"控制面板下方的"添加图层样式"按钮 ，在弹出的菜单中选择"投影"命令，弹出窗口，将阴影颜色设置为暗红色（其R、G、B的值分别为76、14、16），其他选项的设置如图4-12所示。单击"确定"按钮，效果如图4-13所示。

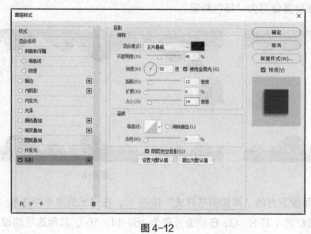

图4-12   图4-13

STEP 10 选择“移动”工具，按住 Alt 键的同时，在图像窗口中将其拖曳到适当的位置，复制图像，效果如图 4-14 所示。按 Ctrl+T 组合键，在图像周围出现变换框，在变换框中单击鼠标右键，在弹出的菜单中选择“水平翻转”命令，翻转图像，按 Enter 键确定操作，效果如图 4-15 所示。

图 4-14

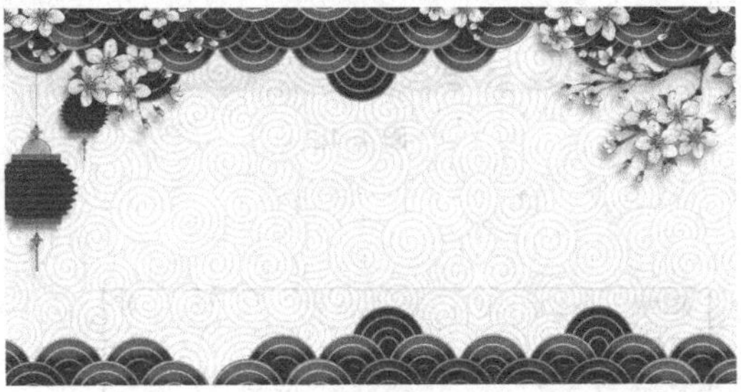

图 4-15

STEP 11 新年贺卡正面底图制作完成。按 Shift+Ctrl+E 组合键，合并可见图层。按 Ctrl+S 组合键，弹出“另存为”对话框，将其命名为“新年贺卡正面底图”，保存为 JPEG 格式，单击“保存”按钮，弹出“JPEG 选项”对话框，单击“确定”按钮，保存图像。

4.1.2 添加并编辑标题文字 CorelDRAW 应用

STEP 1 打开 CorelDRAW X8 软件，按 Ctrl+N 组合键，弹出“创建新文档”对话框，设置文档的宽度为 200 毫米，高度为 100 毫米，取向为横向，原色模式为 CMYK，渲染分辨率为 300 像素/英寸，单击“确定”按钮，创建一个文档。

新年贺卡正面设计 2

STEP 2 按 Ctrl+I 组合键，弹出“导入”对话框，选择资源包中的“Ch04 > 效果 > 新年贺卡正面设计 > 新年贺卡正面底图.jpg”文件，单击“导入”按钮，在页面中单击导入图片，如图 4-16 所示。按 P 键，图片在页面中居中对齐，效果如图 4-17 所示。

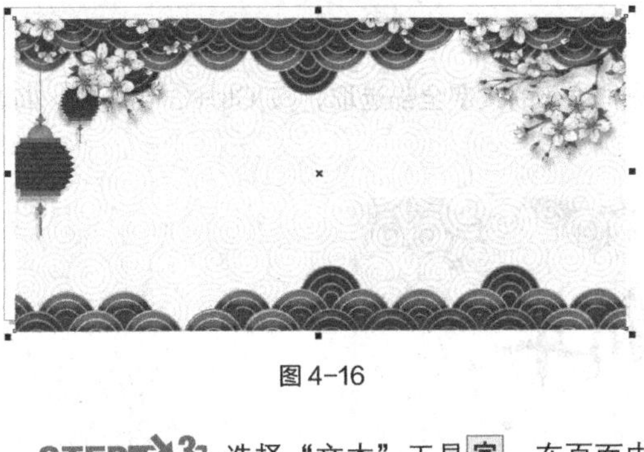

图 4-16

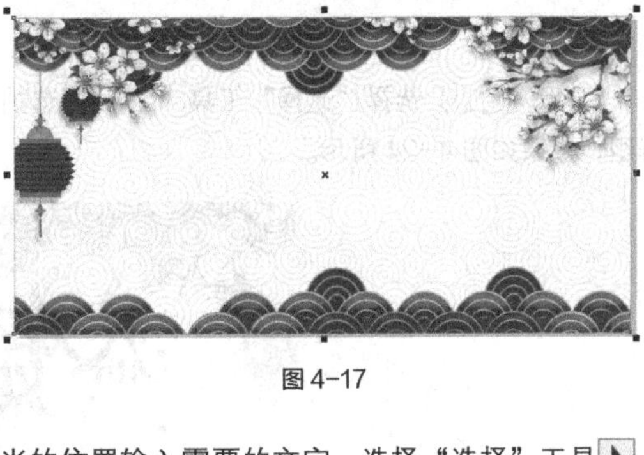

图 4-17

STEP 3 选择“文本”工具，在页面中适当的位置输入需要的文字，选择“选择”工具，在属性栏中选取适当的字体并设置文字大小，效果如图 4-18 所示。选择“形状”工具，向左拖曳文字下方的图标，调整文字的间距，效果如图 4-19 所示。

STEP 4 选择“形状”工具，单击选取文字“年”的节点，在属性栏中进行设置，如图 4-20 所示。按 Enter 键，效果如图 4-21 所示。

图 4-18

图 4-19

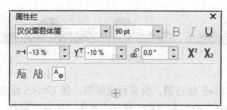

图 4-20

图 4-21

STEP 5 按 Ctrl+K 组合键，将文字拆分，拆分完成后"恭"字呈选中状态，如图 4-22 所示。选择"选择"工具 ，选取文字"贺"，拖曳文字到适当的位置，并调整其大小，效果如图 4-23 所示。

图 4-22

图 4-23

STEP 6 选择"选择"工具 ，用圈选的方法将输入的文字全部选取，按 Ctrl+G 组合键，将其群组，效果如图 4-24 所示。

图 4-24

STEP 7 按 F11 键，弹出"编辑填充"对话框，选择"渐变填充"按钮 ，将"起点"颜色的 CMYK 值设置为 0、100、100、38，"终点"颜色的 CMYK 值设置为 0、100、100、0，其他选项的设置如图 4-25 所示。单击"确定"按钮，填充文字，效果如图 4-26 所示。

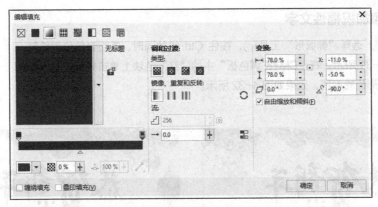

图 4-25

图 4-26

STEP 8 选择"轮廓图"工具 ▣，在文字对象上拖曳鼠标，为文字添加轮廓化效果。在属性栏中将 "填充色"选项设置为白色，其他选项的设置如图 4-27 所示。按 Enter 键确定操作，效果如图 4-28 所示。

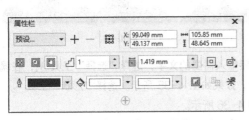

图 4-27

图 4-28

STEP 9 选择"阴影"工具 ▢，在文字对象上由上至下拖曳鼠标，为图片添加阴影效果，在属性 栏中的设置如图 4-29 所示。按 Enter 键，效果如图 4-30 所示。

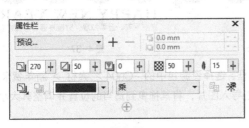

图 4-29

图 4-30

4.1.3 添加祝福性文字

STEP 1 选择"椭圆形"工具○，按住 Ctrl 键的同时，在适当的位置绘制一个圆形，如图 4-31 所示。在"CMYK 调色板"中的"红"色块上单击鼠标左键，填充图形，并去除图形的轮廓线，效果如图 4-32 所示。

新年贺卡正面设计 3

图 4-31　　　　　　　　　　　图 4-32

STEP 2 选择"选择"工具，按数字键盘上的+键，复制圆形。按住 Shift 键的同时，水平向右拖曳复制的圆形到适当的位置，效果如图 4-33 所示。按住 Ctrl 键的同时，再连续点按 D 键，按需要再复制出多个圆形，效果如图 4-34 所示。

图 4-33　　　　　　　　　　　图 4-34

STEP 3 选择"文本"工具字，在适当的位置输入需要的文字，选择"选择"工具，在属性栏中选取适当的字体并设置文字大小，填充文字为白色，效果如图 4-35 所示。选择"形状"工具，向右拖曳文字下方的‖图标，调整文字的间距，效果如图 4-36 所示。

STEP 4 选择"文本"工具字，在适当的位置分别输入需要的文字，选择"选择"工具，在属性栏中分别选取适当的字体并设置文字大小，效果如图 4-37 所示。

图 4-35　　　　　　　图 4-36　　　　　　　图 4-37

STEP 5 按 Ctrl+I 组合键，弹出"导入"对话框，选择资源包中的"Ch04 > 素材 > 新年贺卡正面设计 > 05"文件，单击"导入"按钮，在页面中单击导入图片，将其拖曳到适当的位置并调整其大小，效果如图 4-38 所示。

STEP 6 新年贺卡正面制作完成，效果如图 4-39 所示。按 Ctrl+S 组合键，弹出"保存绘图"对话框，将制作好的图像命名为"新年贺卡正面"，保存为 CDR 格式，单击"保存"按钮，保存图像。

图 4-38

图 4-39

4.2 新年贺卡背面设计

案例学习目标

在 Photoshop 中，学习使用"定义图案"命令和"图层控制"面板制作贺卡背面底图；在 CorelDRAW 中，学习使用"文本"工具及"调和"工具添加并编辑文字制作祝福语。

案例知识要点

在 Photoshop 中，使用"渐变"工具绘制背景，使用"移动"工具、"定义图案"命令、"图案填充"调整层、"图层混合模式"选项和"不透明度"选项制作纹理；在 CorelDRAW 中，使用"文本"工具添加祝福语，使用"阴影"工具为文字添加阴影效果，使用"手绘"工具、"轮廓笔"对话框制作虚线效果。新年贺卡背面设计效果如图 4-40 所示。

效果所在位置

资源包 > Ch04 > 效果 > 新年贺卡背面设计 > 新年贺卡背面.cdr。

图 4-40

4.2.1 制作贺卡背面底图 Photoshop 应用

STEP 1 打开 Photoshop CC 2019 软件，按 Ctrl+N 组合键，弹出"新建文档"对话框，设置宽度为 20 厘米，高度为 10 厘米，分辨率为 150 像素/英寸，颜色模式为 RGB，背景内容为白色，单击"创建"按钮，新建一个文档。

STEP 2 选择"渐变"工具，单击属性栏中的"点按可编辑渐变"按钮

新年贺卡背面设计 1

，弹出"渐变编辑器"对话框，在"位置"选项中分别输入 0、62 两个位置点，分别设置两个位置点颜色的 RGB 值为 0 对应（255、0、0）、62 对应（173、0、0），如图 4-41 所示，单击"确定"按钮。选中属性栏中的"径向渐变"按钮，按住 Shift 键的同时，在图像窗口中从中心向右侧拖曳渐变色，松开鼠标，效果如图 4-42 所示。

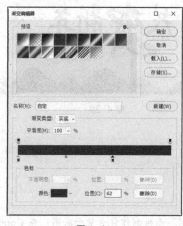

图 4-41

图 4-42

STEP 3 按 Ctrl+O 组合键，打开资源包中的"Ch04 > 素材 > 新年贺卡背面设计 > 01"文件。选择"移动"工具，将"01"图片拖曳到新建的文件中，效果如图 4-43 所示，在"图层"控制面板中生成新的图层。单击"背景"图层左侧的眼睛图标，隐藏该图层，如图 4-44 所示。

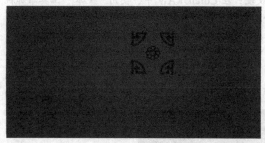

图 4-43

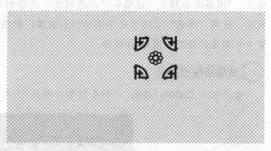

图 4-44

STEP 4 选择"矩形选框"工具，在图像周围绘制选区，如图 4-45 所示。选择"编辑 > 定义图案"命令，在弹出的"图案名称"对话框中进行设置，如图 4-46 所示，单击"确定"按钮，定义图案。按 Delete 键，删除选区中的图像。按 Ctrl+D 组合键，取消选区。

图 4-45

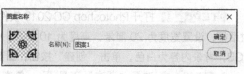

图 4-46

STEP5 单击"图层"控制面板下方的"创建新的填充或调整图层"按钮 ，在弹出的菜单中选择"图案填充"命令，在"图层"控制面板中生成"图案填充 1"图层，同时弹出"图案填充"对话框，选择新定义的图案，选项的设置如图 4-47 所示。单击"确定"按钮，效果如图 4-48 所示。

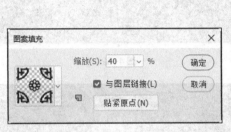

图 4-47　　　　　　　　　　　　　　　　　图 4-48

STEP6 在"图层"控制面板上方，将"图案填充 1"图层的混合模式选项设置为"正片叠底"，"不透明度"选项设置为 5%，如图 4-49 所示。按 Enter 键确定操作，效果如图 4-50 所示。

图 4-49　　　　　　　　　　　　　　　　　图 4-50

STEP7 新年贺卡背面底图制作完成。按 Shift+Ctrl+E 组合键，合并可见图层。按 Ctrl+S 组合键，弹出"另存为"对话框，将其命名为"新年贺卡背面底图"，保存为 JPEG 格式，单击"保存"按钮，弹出"JPEG 选项"对话框，单击"确定"按钮，保存图像。

4.2.2　添加并编辑祝福性文字　CorelDRAW 应用

STEP1 打开 CorelDRAW X8 软件，按 Ctrl+N 组合键，弹出"创建新文档"对话框，设置文档的宽度为 200 毫米，高度为 100 毫米，取向为横向，原色模式为 CMYK，渲染分辨率为 300 像素/英寸，单击"确定"按钮，创建一个文档。

新年贺卡背面设计 2

STEP2 按 Ctrl+I 组合键，弹出"导入"对话框，选择资源包中的"Ch04 > 效果 > 新年贺卡背面设计 > 新年贺卡背面底图.jpg"文件，单击"导入"按钮，在页面中单击导入图片，如图 4-51 所示。按 P 键，图片在页面中居中对齐，效果如图 4-52 所示。

STEP3 按 Ctrl+I 组合键，弹出"导入"对话框，选择资源包中的"Ch04 > 素材 > 新年贺卡背面设计 > 02"文件，单击"导入"按钮，在页面中单击导入图片，将其拖曳到适当的位置并调整其大小，效果如图 4-53 所示。选择"对象 > 对齐和分布 > 在页面水平居中"命令，图片在页面中水平居中对齐，效果如图 4-54 所示。

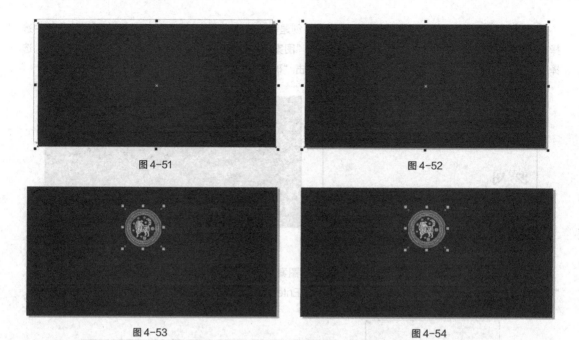

图 4-51　　　　　　　　　　　图 4-52

图 4-53　　　　　　　　　　　图 4-54

STEP 4 选择"阴影"工具 ，在图片中由上至下拖曳鼠标，为图片添加阴影效果，在属性栏中的设置如图 4-55 所示。按 Enter 键，效果如图 4-56 所示。

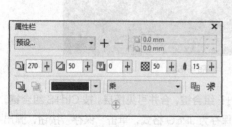

图 4-55

图 4-56

STEP 5 选择"文本"工具 字 ，在适当的位置分别输入需要的文字，选择"选择"工具 ，在属性栏中分别选取适当的字体并设置文字大小，效果如图 4-57 所示。用圈选的方法将输入的文字同时选取，选择"对象 > 对齐和分布 > 在页面水平居中"命令，文字在页面中水平居中对齐，效果如图 4-58 所示。

图 4-57

图 4-58

STEP⤴6 选择"选择"工具 ▶，按住 Shift 键的同时，选取需要的文字，设置文字颜色的 CMYK 值为 0、0、60、0，填充文字，效果如图 4-59 所示。按 Ctrl+G 组合键，将其群组，效果如图 4-60 所示。

图 4-59 　　　　　　　　　　　　　　　　　　　　　图 4-60

STEP⤴7 选择"阴影"工具 ▢，在文字对象上由上至下拖曳鼠标，为文字添加阴影效果，在属性栏中的设置如图 4-61 所示。按 Enter 键，效果如图 4-62 所示。

图 4-61 　　　　　　　　　　　　　　　　　　　　图 4-62

STEP⤴8 选择"手绘"工具，按住 Ctrl 键的同时，在适当的位置绘制一条直线，如图 4-63 所示。按 F12 键，弹出"轮廓笔"对话框，在"颜色"选项中设置轮廓线颜色的 CMYK 值为 0、0、100、0，其他选项的设置如图 4-64 所示。单击"确定"按钮，效果如图 4-65 所示。

图 4-63 　　　　　　　　　　图 4-64 　　　　　　　　　　图 4-65

STEP⤴9 新年贺卡背面制作完成，效果如图 4-66 所示。按 Ctrl+S 组合键，弹出"保存绘图"对话框，将制作好的图像命名为"新年贺卡背面"，保存为 CDR 格式，单击"保存"按钮，保存图像。

图 4-66

4.3 课后习题——中秋节贺卡设计

⊕ 习题知识要点

在 Photoshop 中，使用"图层控制"面板、"画笔"工具和"调整"命令制作中秋贺卡正面底图，使用"选框"工具、"图层控制"面板、"画笔"工具和"高斯模糊"命令制作中秋贺卡背面底图；在 CorelDRAW 中，使用"导入"命令、"置于图文框内部"命令、"绘图"工具、"文本"工具制作主体文字、祝福语和装饰图形。效果如图 4-67 所示。

⊕ 效果所在位置

资源包 >Ch04> 效果 > 中秋节贺卡设计 > 中秋节贺卡正面.cdr、中秋节贺卡背面.cdr。

图 4-67

中秋节贺卡设计 1

中秋节贺卡设计 2

中秋节贺卡设计 3

中秋节贺卡设计 4

Chapter

5

第 5 章
电商 Banner 设计

电商设计是平面设计和网页设计的结合体。电商设计目前更多的是指对淘宝等电商店铺相关的设计，包括店面装修、产品详情页设计及网页 VI 设计等。本章以服饰类电商 Banner、电子数码类电商 Banner 设计为例，讲解电商的制作方法和技巧。

课堂学习目标

● 掌握电商 Banner 的设计思路和过程

● 掌握电商 Banner 的制作方法和技巧

5.1 服饰类电商 Banner 设计

⊕ 案例学习目标

在 Photoshop 中，学习使用"图层控制"面板、"渐变"工具、"绘图"工具和"调整图层"命令制作 Banner 底图；在 CorelDRAW 中，学习使用"文本"工具、"绘图"工具和"填充"工具添加优惠信息。

⊕ 案例知识要点

在 Photoshop 中，使用"添加图层蒙版"按钮和"渐变"工具制作图片渐隐效果，使用"亮度/对比度"命令和"色阶"命令调整图片的色调，使用"矩形"工具绘制形状图形；在 CorelDRAW 中，使用"文本"工具、"文本属性"泊坞窗和"填充"工具添加标题文字，使用"椭圆形"工具、"矩形"工具、"合并"命令和"文本"工具添加特惠标签，使用"矩形"工具、"转角"半径选项制作了解详情按钮。服饰类电商 Banner 设计效果如图 5-1 所示。

⊕ 效果所在位置

资源包 > Ch05 > 效果 > 服饰类电商 Banner 设计 > 服饰类电商 Banner.cdr。

图 5-1

5.1.1 制作 Banner 底图 [Photoshop 应用]

STEP⬊1 打开 Photoshop CC 2019 软件，按 Ctrl+O 组合键，打开资源包中的
"Ch05 > 素材 > 服饰类电商 Banner 设计 > 01"文件，效果如图 5-2 所示。

服饰类电商
Banner 设计 1

图 5-2

STEP⬊2 选择"矩形"工具 ▢，在属性栏的"选择工具模式"选项中选择"形状"，将"填充"颜色设置为灰色（其 R、G、B 的值分别为 113、179、151），"描边"颜色设置为无，在图像窗口中拖曳鼠标绘制一个矩形，效果如图 5-3 所示。在"图层"控制面板中生成新的形状图层并将其命名为"矩形 1"。

STEP⬊3 按 Ctrl+O 组合键，打开资源包中的"Ch05 > 素材 > 服饰类电商 Banner 设计 > 02、03"文件。选择"移动"工具 ✛，分别将图片拖曳到图像窗口中适当的位置，效果如图 5-4 所示。在"图层"控制面板中分别生成新的图层并将其命名为"台子"和"蓝色鞋",如图 5-5 所示。

图 5-3

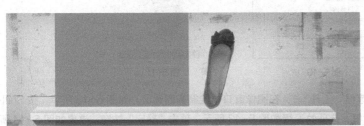

图 5-4　　　　　　　　　　　　　　　　　图 5-5

STEP 4 按住 Ctrl 键的同时,单击"蓝色鞋"图层的缩览图,图像周围生成选区,如图 5-6 所示。新建图层并将其命名为"剪影"。将前景色设置为黑色。按 Alt+Delete 组合键,用前景色填充选区,按 Ctrl+D 组合键,取消选区,效果如图 5-7 所示。

图 5-6　　　　　　　　图 5-7

STEP 5 在"图层"控制面板上方,将"剪影"图层的"不透明度"选项设置为 50%,如图 5-8 所示,图像效果如图 5-9 所示。

图 5-8　　　　　　　　图 5-9

STEP 6 单击"图层"控制面板下方的"添加图层蒙版"按钮 ，为"剪影"图层添加图层蒙版，如图 5-10 所示。选择"渐变"工具 ，单击属性栏中的"点按可编辑渐变"按钮 ，弹出"渐变编辑器"对话框，将渐变色设置为黑色到白色，单击"确定"按钮。在图像窗口中拖曳鼠标填充渐变色，效果如图 5-11 所示。

图 5-10 图 5-11

STEP 7 选择"椭圆选框"工具 ，在图像窗口中绘制椭圆选区，如图 5-12 所示。按 Shift+F6 组合键，弹出"羽化选区"对话框，选项的设置如图 5-13 所示。单击"确定"按钮，效果如图 5-14 所示。

图 5-12 图 5-13 图 5-14

STEP 8 新建图层并将其命名为"阴影1"。按 Alt+Delete 组合键，用前景色填充选区，按 Ctrl+D 组合键，取消选区，效果如图 5-15 所示。

STEP 9 在"图层"控制面板上方，将"阴影1"图层的"不透明度"选项设置为 50%，如图 5-16 所示，图像效果如图 5-17 所示。

图 5-15 图 5-16 图 5-17

STEP 10 单击"图层"控制面板下方的"添加图层蒙版"按钮 ，为"阴影 1"图层添加图层蒙版，如图 5-18 所示。选择"渐变"工具 ，在图像窗口中拖曳鼠标填充渐变色，松开鼠标左键，效果如图 5-19 所示。

图 5-18   图 5-19

STEP 11 在"图层"控制面板中，将"阴影 1"图层拖曳到"蓝色鞋"图层的下方，如图 5-20 所示，图像效果如图 5-21 所示。用相同的方法制作"阴影 2"，效果如图 5-22 所示。

图 5-20   图 5-21   图 5-22

STEP 12 在"图层"控制面板中，按住 Shift 键的同时，选取"剪影"图层和"阴影 1"图层之间的所有图层，如图 5-23 所示。按 Ctrl+G 组合键，编组图层并将其命名为"蓝色鞋"，如图 5-24 所示。

图 5-23   图 5-24

STEP 13 用上述相同的方法制作"棕色鞋"和"红色鞋"，效果如图 5-25 所示。在"图层"控制面板中，按住 Shift 键的同时，选取"蓝色鞋"图层组和"红色鞋"图层组之间的所有图层组，如图 5-26 所示。按 Ctrl+G 组合键，编组图层组并将其命名为"产品"，如图 5-27 所示。

图 5-25

图 5-26

图 5-27

STEP 14 单击"图层"控制面板下方的"创建新的填充或调整图层"按钮 ，在弹出的菜单中选择"亮度/对比度"命令，在"图层"控制面板中生成"亮度/对比度 1"图层，同时弹出"亮度/对比度"面板，单击"此调整影响下面所有图层"按钮 ，使其显示为"此调整剪切到此图层"按钮 ，其他选项的设置如图 5-28 所示。按 Enter 键确定操作，图像效果如图 5-29 所示。

图 5-28

图 5-29

STEP 15 单击"图层"控制面板下方的"创建新的填充或调整图层"按钮 ，在弹出的菜单中选择"色阶"命令，在"图层"控制面板中生成"色阶 1"图层，同时弹出"色阶"面板，单击"此调整影响下面所有图层"按钮 ，使其显示为"此调整剪切到此图层"按钮 ，其他选项的设置如图 5-30 所示。按 Enter 键确定操作，图像效果如图 5-31 所示。

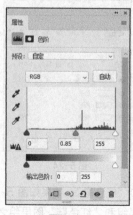

图 5-30

图 5-31

STEP 16 按 Ctrl+O 组合键，打开资源包中的"Ch05 > 素材 > 服饰类电商 Banner 设计 > 06"

文件。选择"移动"工具 ⊕，将图片拖曳到图像窗口中适当的位置，效果如图 5-32 所示。在"图层"控制面板中分别生成新的图层并将其命名为"装饰"。

图 5-32

STEP↘17 按 Shift+Ctrl+E 组合键，合并可见图层。按 Ctrl+S 组合键，弹出"另存为"对话框，将其命名为"服饰类电商 Banner 底图"，保存为 JPEG 格式，单击"保存"按钮，弹出"JPEG 选项"对话框，单击"确定"按钮，将图像保存。

5.1.2　添加标题文字　CorelDRAW 应用

STEP↘1 打开 CorelDRAW X8 软件，按 Ctrl+N 组合键，弹出"创建新文档"对话框，设置文档的宽度为 1920 像素，高度为 600 像素，取向为横向，原色模式为 RGB，渲染分辨率为 72 像素/英寸，单击"确定"按钮，创建一个文档。

服饰类电商
Banner 设计 2

STEP↘2 按 Ctrl+I 组合键，弹出"导入"对话框，选择资源包中的"Ch05 > 效果 > 服饰类电商 Banner 设计 > 服饰类电商 Banner 底图.jpg"文件，单击"导入"按钮，在页面中单击导入图片，如图 5-33 所示。按 P 键，图片在页面中居中对齐，效果如图 5-34 所示。

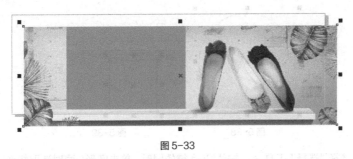

图 5-33

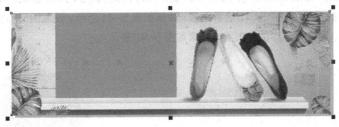

图 5-34

STEP↘3 选择"文本"工具 字，在页面中分别输入需要的文字。选择"选择"工具 ▶，在属性栏中分别选择合适的字体并设置文字大小，填充文字为白色，效果如图 5-35 所示。

图 5-35

STEP★4 选择"文本"工具**字**，选取文字"精致女鞋"，在属性栏中选择合适的字体，效果如图 5-36 所示。设置文字颜色的 RGB 值为 252、207、12，填充文字，效果如图 5-37 所示。

图 5-36

图 5-37

5.1.3 添加特惠标签

STEP★1 选择"椭圆形"工具**○**，按住 Ctrl 键的同时，在适当的位置绘制一个圆形，如图 5-38 所示。选择"矩形"工具**□**，在适当的位置绘制一个矩形，如图 5-39 所示。

服饰类电商
Banner 设计 3

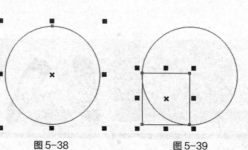

图 5-38　　　　　图 5-39

STEP★2 选择"选择"工具**▶**，按住 Shift 键的同时，单击圆形，同时选取矩形和圆形，如图 5-40 所示，单击属性栏中的"合并"按钮**⬚**，合并图形，效果如图 5-41 所示。设置图形颜色的 RGB 值为 240、133、25，填充图形，并去除图形的轮廓线，效果如图 5-42 所示。

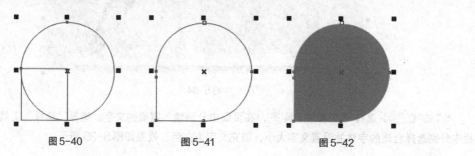

图 5-40　　　　　图 5-41　　　　　图 5-42

STEP 3 按数字键盘上的+键，复制图形。选择"选择"工具，微调图形到适当的位置，设置图形颜色的 RGB 值为 252、207、12，填充图形，效果如图 5-43 所示。

STEP 4 选择"文本"工具，在适当的位置分别输入需要的文字。选择"选择"工具，在属性栏中分别选择合适的字体并设置文字大小，效果如图 5-44 所示。按住 Shift 键的同时，选取输入的文字，设置文字颜色的 RGB 值为 111、180、151，填充文字，效果如图 5-45 所示。

图 5-43　　　　　　　　图 5-44　　　　　　　　图 5-45

STEP 5 选取文字"新品特惠中"，选择"文本 > 文本属性"命令，在弹出的"文本属性"泊坞窗中进行设置，如图 5-46 所示。按 Enter 键，效果如图 5-47 所示。选择"文本"工具，选取文字"新品"，在属性栏中设置文字大小，效果如图 5-48 所示。

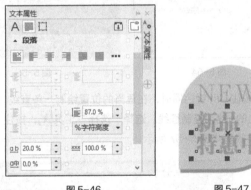

图 5-46　　　　　　　　图 5-47　　　　　　　　图 5-48

STEP 6 选择"选择"工具，用圈选的方法选取所有图形和文字，按 Ctrl+G 组合键，将其群组，拖曳群组图形到页面中适当的位置，效果如图 5-49 所示。

STEP 7 选择"矩形"工具，在适当的位置绘制一个矩形，设置图形颜色的 RGB 值为 238、238、239，填充图形，并去除图形的轮廓线，效果如图 5-50 所示。

图 5-49　　　　　　　　　　　图 5-50

STEP 8 在属性栏中将"转角半径"选项均设置为 8px，按 Enter 键，效果如图 5-51 所示。选择"文本"工具 **字**，在适当的位置输入需要的文字。选择"选择"工具 **↖**，在属性栏中选择合适的字体并设置文字大小。设置文字颜色的 RGB 值为 111、180、151，填充文字，效果如图 5-52 所示。

图 5-51

图 5-52

STEP 9 选择"文本"工具 **字**，在适当的位置输入需要的文字。选择"选择"工具 **↖**，在属性栏中选择合适的字体并设置文字大小，填充文字为白色，效果如图 5-53 所示。在"文本属性"泊坞窗中进行设置，如图 5-54 所示。按 Enter 键，效果如图 5-55 所示。

图 5-53

图 5-54

图 5-55

STEP 10 选择"手绘"工具 **✍**，按住 Ctrl 键的同时，在适当的位置绘制一条直线，设置轮廓线为白色，效果如图 5-56 所示。按数字键盘上的+键，复制直线。选择"选择"工具 **↖**，按住 Shift 键的同时，水平向右拖曳复制的直线到适当的位置，效果如图 5-57 所示。

图 5-56

图 5-57

STEP 11 服饰类电商 Banner 制作完成，效果如图 5-58 所示。按 Ctrl+S 组合键，弹出"保存图形"对话框，将制作好的图像命名为"服饰类电商 Banner"，保存为 CDR 格式，单击"保存"按钮，保存图像。

图 5-58

5.2 电子数码类电商 Banner 设计

案例学习目标

在 Photoshop 中，学习使用"图层控制"面板、"画笔"工具和"添加图层样式"按钮制作 Banner 底图；在 CorelDRAW 中，学习使用"文本"工具、"文本属性"泊坞窗、"PowerClip"命令、"绘图"工具添加广告主题和促销信息文字。

案例知识要点

在 Photoshop 中，使用"添加图层蒙版"按钮和"画笔"工具制作图片渐隐效果，使用"图层的混合模式"选项、"不透明度"选项和"填充"命令制作图片遮罩效果，使用"投影"命令为产品图片添加阴影效果；在 CorelDRAW 中，使用"文本"工具、"导入"命令、"拆分"命令和"置于图文框内部"命令添加广告主题，使用"文本"工具、"文本属性"泊坞窗和"填充"工具添加促销信息，使用"手绘"工具、"矩形"工具和"折线"工具绘制装饰图形。电子数码类电商 Banner 设计效果如图 5-59 所示。

效果所在位置

资源包 > Ch05 > 效果 > 电子数码类电商 Banner 设计 > 电子数码类电商 Banner.cdr。

图 5-59

5.2.1 合成背景图像 Photoshop 应用

STEP 1 打开 Photoshop CC 2019 软件，按 Ctrl+O 组合键，打开资源包中的"Ch05 > 素材 > 电子数码类电商 Banner 设计 > 01、02"文件，如图 5-60 所示。选择"移动"工具 ⊕，将"02"图片拖曳到"01"图像窗口中适当的位置，效果如图 5-61 所示。在"图层"控制面板中生成新的图层并将其命名为"摄像机"。

电子数码类电商
Banner 设计 1

图 5-60

图 5-61

STEP 2 单击"图层"控制面板下方的"添加图层样式"按钮 *fx*，在弹出的"图层样式"对话框中选择"投影"命令，在弹出的窗口进行设置，如图 5-62 所示。单击"确定"按钮，效果如图 5-63 所示。

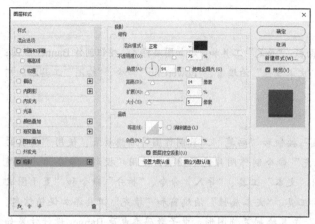
图 5-62

图 5-63

STEP 3 按住 Ctrl 键的同时，单击"图层"控制面板下方的"创建新图层"按钮 ，在"摄像机"图层下方生成新的图层并将其命名为"阴影"。将前景色设置为黑色。选择"画笔"工具 ，在属性栏中单击"画笔预设"选项右侧的按钮 ，在弹出的画笔面板中选择需要的画笔形状，如图 5-64 所示。在图像窗口中沿摄像机下部边缘拖曳鼠标绘制阴影，效果如图 5-65 所示。

图 5-64

图 5-65

STEP 4 选中"摄像机"图层。新建图层并将其命名为"遮罩"。按 Alt+Delete 组合键，用前景色填充"遮罩"图层，效果如图 5-66 所示。

STEP 5 单击"图层"控制面板下方的"添加图层蒙版"按钮 ，为"遮罩"图层添加图层蒙版，如图 5-67 所示。选择"画笔"工具 ，在图像窗口中进行涂抹，擦除不需要的部分，如图 5-68 所示。

图 5-66

图 5-67   图 5-68

STEP 6 在"图层"控制面板上方,将"遮罩"图层的混合模式选项设置为"叠加","不透明度"选项设置为 80%,如图 5-69 所示,图像效果如图 5-70 所示。

图 5-69   图 5-70

STEP 7 连续两次按 Ctrl+J 组合键,复制"遮罩"图层,生成新的拷贝图层,如图 5-71 所示。在"图层"控制面板上方,将"遮罩 拷贝 2"图层的"不透明度"选项设置为 60%,如图 5-72 所示,图像效果如图 5-73 所示。

图 5-71   图 5-72

图 5-73

STEP 8 按 Shift+Ctrl+E 组合键,合并可见图层。按 Ctrl+S 组合键,弹出"另存为"对话框,将其命名为"电子数码类电商 Banner 底图"，保存为 JPEG 格式，单击"保存"按钮，弹出"JPEG 选项"对话框，单击"确定"按钮，保存图像。

电子数码类电商
Banner 设计 2

5.2.2　添加广告主题　CorelDRAW 应用

STEP 1 打开 CorelDRAW X8 软件，按 Ctrl+N 组合键，弹出"创建新文档"对话框，设置文档的宽度为 1920 像素，高度为 600 像素，取向为横向，原色模式为 RGB，渲染分辨率为 72 像素/英寸，单击"确定"按钮，创建一个文档。

STEP 2 按 Ctrl+I 组合键，弹出"导入"对话框，选择资源包中的"Ch05 > 效果 > 电子数码类电商 Banner 设计 > 电子数码类电商 Banner 底图.jpg"文件，单击"导入"按钮，在页面中单击导入图片，如图 5-74 所示。按 P 键，图片在页面中居中对齐，效果如图 5-75 所示。

图 5-74

图 5-75

STEP 3 选择"文本"工具 字，输入需要的文字。选择"选择"工具 ，在属性栏中分别选择合适的字体并设置文字大小，效果如图 5-76 所示。设置文字颜色的 RGB 值为 71、68、67，填充文字，效果如图 5-77 所示。

图 5-76

图 5-77

STEP 4 选择"文本 > 文本属性"命令，在弹出的"文本属性"泊坞窗中进行设置，如图 5-78 所示。按 Enter 键，效果如图 5-79 所示。按数字键盘上的+键，复制文字。选择"选择"工具 ，微调文字到适当的位置，填充文字为白色，效果如图 5-80 所示。

图 5-78　　　　　　　图 5-79　　　　　　　图 5-80

STEP 5 按 Ctrl+K 组合键，拆分文字，拆分完成后"全网发售"文字呈选中状态，如图 5-81 所示。按 Ctrl+I 组合键，弹出"导入"对话框，选择资源包中的"Ch05 > 素材 > 电子数码类电商 Banner 设计 > 03"文件，单击"导入"按钮，在页面中单击导入图片，选择"选择"工具，拖曳图片到适当的位置并调整其大小，效果如图 5-82 所示。连续按 Ctrl+PageDown 组合键，将图片向后移至适当的位置，效果如图 5-83 所示。

图 5-81　　　　　　　图 5-82　　　　　　　图 5-83

STEP 6 选择"对象 > PowerClip > 置于图文框内部"命令，光标变为黑色箭头形状，在"震撼来袭"文字上单击鼠标左键，如图 5-84 所示。将图片置入"震撼来袭"文字中，效果如图 5-85 所示。

图 5-84　　　　　　　图 5-85

STEP 7 选择"文本"工具，在适当的位置输入需要的文字，选择"选择"工具，在属性栏中选取适当的字体并设置文字大小，填充文字为白色，效果如图 5-86 所示。选择"形状"工具，向右拖曳文字下方的图标，调整文字的间距，效果如图 5-87 所示。

图 5-86　　　　　　　图 5-87

电子数码类电商
Banner 设计 3

5.2.3 添加促销信息

STEP 1 选择"椭圆形"工具 ○ ，按住 Ctrl 键的同时，在适当的位置绘制一个圆形，填充图形为白色，并去除图形的轮廓线，效果如图 5-88 所示。

STEP 2 按数字键盘上的+键，复制圆形。选择"选择"工具 ▶ ，按住 Shift 键的同时，水平向右拖曳复制的圆形到适当的位置，效果如图 5-89 所示。按住 Ctrl 键的同时，再连续点按 D 键，按需要再复制出多个圆形，效果如图 5-90 所示。

图 5-88

图 5-89

图 5-90

STEP 3 选择"文本"工具 字 ，在适当的位置输入需要的文字，选择"选择"工具 ▶ ，在属性栏中选取适当的字体并设置文字大小，效果如图 5-91 所示。选择"形状"工具 ▶ ，向右拖曳文字下方的 ⫴ 图标，调整文字的间距，效果如图 5-92 所示。

图 5-91

图 5-92

STEP 4 选择"手绘"工具 ✎ ，按住 Ctrl 键的同时，在适当的位置绘制一条直线，设置轮廓线为白色，效果如图 5-93 所示。按数字键盘上的+键，复制直线。选择"选择"工具 ▶ ，按住 Shift 键的同时，水平向右拖曳复制的直线到适当的位置，效果如图 5-94 所示。

图 5-93

图 5-94

STEP 5 选择"矩形"工具 □ ，在适当的位置绘制一个矩形，设置图形颜色的 RGB 值为 255、255、0，填充图形，并去除图形的轮廓线，效果如图 5-95 所示。

STEP 6 选择"文本"工具 字 ，在适当的位置分别输入需要的文字，选择"选择"工具 ▶ ，在属性栏中分别选取适当的字体并设置文字大小，效果如图 5-96 所示。按住 Shift 键的同时，选取下方需要的文字，设置文字颜色的 RGB 值为 255、255、0，填充文字，效果如图 5-97 所示。

图 5-95

图 5-96

图 5-97

STEP 7 选择"形状"工具 ▶ ，选取文字"活动促销价"，向右拖曳文字下方的 ⫴ 图标，调整文字的间距，效果如图 5-98 所示。选择"文本"工具字，选取数字"3890"，在属性栏中设置文字大小，效果如图 5-99 所示。

图 5-98   图 5-99

STEP 8 选择"选择"工具，选取文字，在"文本属性"泊坞窗中进行设置，如图 5-100 所示。按 Enter 键，效果如图 5-101 所示。

图 5-100   图 5-101

STEP 9 选择"折线"工具，按住 Ctrl 键的同时，在适当的位置拖曳鼠标绘制折线，设置轮廓线颜色为白色，在属性栏中的"轮廓宽度" 1 px 框中设置数值为 3px，按 Enter 键，效果如图 5-102 所示。

STEP 10 按数字键盘上的+键，复制折线。选择"选择"工具，微调折线到适当的位置，效果如图 5-103 所示。用圈选的方法同时选取所绘制的折线，按数字键盘上的+键，复制折线。按住 Shift 键的同时，水平向右拖曳复制的折线到适当的位置，效果如图 5-104 所示。

图 5-102   图 5-103   图 5-104

STEP 11 单击属性栏中的"水平镜像"按钮，镜像图形，效果如图 5-105 所示。选择"选择"工具，选取左侧的折线，向右微调折线到适当的位置，效果如图 5-106 所示。

STEP 12 用圈选的方法全部选取所绘制的折线，按数字键盘上的+键，复制折线。按住 Shift 键的同时，垂直向上拖曳复制的折线到适当的位置，效果如图 5-107 所示。在属性栏中分别单击"水平镜像"按钮和"垂直镜像"按钮，镜像图形，效果如图 5-108 所示。

STEP 13 电子数码类电商 Banner 制作完成，效果如图 5-109 所示。按 Ctrl+S 组合键，弹出"保存图形"对话框，将制作好的图像命名为"电子数码类电商 Banner"，保存为 CDR 格式，单击"保存"按钮，保存图像。

图 5-105

图 5-106

图 5-107

图 5-108

图 5-109

5.3 课后习题——家居类电商 Banner 设计

⊕ 习题知识要点

在 Photoshop 中，使用"高斯模糊滤镜"命令制作图片的模糊效果，使用"添加图层蒙版"按钮和"画笔"工具制作图片的融合效果，使用"投影"命令为产品图片添加投影效果，使用"色阶"命令调整图片颜色；在 CorelDRAW 中，使用"文本"工具、"文本属性"泊坞窗和"填充"工具添加标题文字，使用"多边形"工具、"形状"工具、"椭圆形"工具和"文本"工具制作功能展示标签，使用"矩形"工具、"转角半径"选项和"文本"工具制作详情和购买按钮。效果如图 5-110 所示。

⊕ 效果所在位置

资源包 > Ch05 > 效果 > 家居类电商 Banner 设计 > 家居类电商 Banner.cdr。

图 5-110

家居类电商 Banner 设计 1

家居类电商 Banner 设计 2

Photoshop CC + CorelDRAW X8

Chapter

6

第 6 章
宣传单设计

宣传单是直销广告的一种，对宣传活动和促销商品有着重要的作用。宣传单通过派送、邮递等形式，可以有效地将信息传送给目标受众。众多的企业和商家都希望通过宣传单来宣传自己的产品，传播自己的企业文化。本章以商场宣传单、汉堡宣传单设计为例，讲解宣传单的制作方法和技巧。

课堂学习目标

● 掌握宣传单的设计
思路和过程

● 掌握宣传单的制作
方法和技巧

6.1 商场宣传单设计

🔍 **案例学习目标**

在 Photoshop 中，学习使用"图层控制"面板、"画笔"工具和"绘图"工具制作背景；在 CorelDRAW 中，学习使用"文本"工具、"文本属性"泊坞窗、"造型"命令和"立体化"工具制作宣传语，使用"文本"工具、"绘图"工具和"填充"工具添加其他相关信息。

🔍 **案例知识要点**

在 Photoshop 中，使用"添加图层蒙版"按钮、"多边形套索"工具和"画笔"工具擦除不需要的图像，使用"钢笔"工具绘制形状图形；在 CorelDRAW 中，使用"文本"工具、"文本属性"泊坞窗、"合并"按钮和"渐变填充"按钮制作宣传语，使用"立体化"工具为宣传语添加立体效果，使用"旋转"工具和"倾斜"工具制作文字倾斜效果，使用"矩形"工具、"转换为曲线"命令和"形状"工具制作装饰三角形，使用"水平镜像"按钮翻转图形。商场宣传单设计效果如图 6-1 所示。

🔍 **效果所在位置**

资源包 > Ch06 > 效果 > 商场宣传单设计 > 商场宣传单.cdr。

图 6-1

6.1.1 制作背景效果 Photoshop 应用

STEP 1 打开 Photoshop CC 2019 软件，按 Ctrl+N 组合键，弹出"新建文档"对话框，设置宽度为 60 厘米，高度为 80 厘米，分辨率为 300 像素/英寸，颜色模式为 RGB，背景内容为橘黄色（其 R、G、B 的值分别为 255、186、0），单击"创建"按钮，新建一个文档，如图 6-2 所示。

商场宣传单设计 1

STEP 2 按 Ctrl+O 组合键，打开资源包中的"Ch06 > 素材 > 商场宣传单设计 > 01"文件，选择"移动"工具 ⊕，将图片拖曳到图像窗口中适当的位置，效果如图 6-3 所示。在"图层"控制面板中生成新的图层并将其命名为"底图"。

STEP 3 单击"图层"控制面板下方的"添加图层蒙版"按钮 ▣，为"底图"图层添加图层蒙版，如图 6-4 所示。将前景色设置为黑色。选择"多边形套索"工具 ⊻，在图像窗口中绘制多边形选区，如图 6-5

所示。按 Alt+Delete 组合键，用前景色填充选区。按 Ctrl+D 组合键，取消选区，效果如图 6-6 所示。

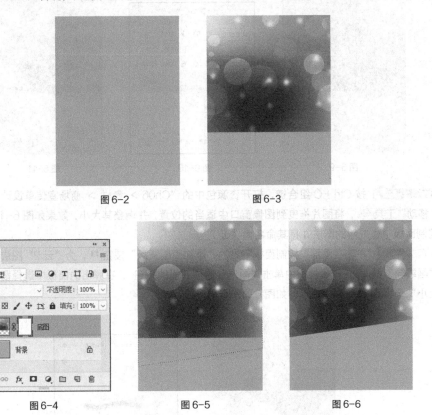

图 6-2　　　　　　　　图 6-3

图 6-4　　　　　　图 6-5　　　　　　图 6-6

STEP 4 在"图层"控制面板上方，将"底图"图层的"不透明度"选项设置为 78%，如图 6-7 所示。按 Enter 键，效果如图 6-8 所示。

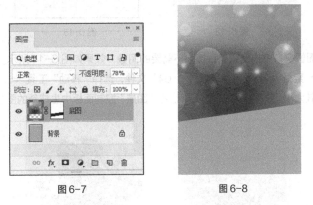

图 6-7　　　　　　　　图 6-8

STEP 5 按 Ctrl+O 组合键，打开资源包中的"Ch06 > 素材 > 商场宣传单设计 > 02"文件，选择"移动"工具，将图片拖曳到图像窗口中适当的位置，并调整其大小，效果如图 6-9 所示。在"图层"控制面板中生成新的图层并将其命名为"云 1"。

STEP 6 在"图层"控制面板上方，将该图层的"不透明度"选项设置为 68%，如图 6-10 所示。按 Enter 键，效果如图 6-11 所示。

图 6-9　　　　　　　　　图 6-10　　　　　　　　　图 6-11

STEP 7 按 Ctrl + O 组合键，打开资源包中的"Ch06 > 素材 > 商场宣传单设计 > 03"文件，选择"移动"工具 ⊕，将图片拖曳到图像窗口中适当的位置，并调整其大小，效果如图 6-12 所示。在"图层"控制面板中生成新的图层并将其命名为"云 2"。

STEP 8 单击"图层"控制面板下方的"添加图层蒙版"按钮 ◻，为"云 2"图层添加图层蒙版。选择"画笔"工具 ✐，在属性栏中单击"画笔"选项右侧的按钮⌄，在弹出的面板中选择需要的画笔形状，将"大小"选项设置为 400 像素，如图 6-13 所示。

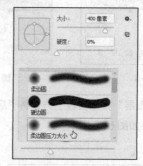

图 6-12　　　　　　　　　　　图 6-13

STEP 9 在图像窗口中拖曳鼠标，擦除不需要的图像，效果如图 6-14 所示。按 Ctrl + O 组合键，打开资源包中的"Ch06 > 素材 > 商场宣传单设计 > 04"文件，选择"移动"工具 ⊕，将图片拖曳到图像窗口中适当的位置，并调整其大小，效果如图 6-15 所示。在"图层"控制面板中生成新的图层并将其命名为"主体"。

图 6-14　　　　　　　　　　　图 6-15

STEP 10 选择"钢笔"工具 ◊，在属性栏的"选择工具模式"选项中选择"形状"，将"填充"颜色设置为粉红色（其 R、G、B 的值分别为 240、112、93），在图像窗口中绘制形状，效果如图 6-16 所示。在"图层"控制面板中生成新的形状图层"形状 1"。

STEP 11 用相同的方法再绘制一个暗红色（其 R、G、B 的值分别为 146、27、41）形状，效果如图 6-17 所示。

图 6-16　　　　　　　　　图 6-17

STEP 12 按 Shift+Ctrl+E 组合键，合并可见图层。按 Ctrl+S 组合键，弹出"另存为"对话框，将其命名为"商场宣传单底图"，保存为 JPEG 格式，单击"保存"按钮，弹出"JPEG 选项"对话框，单击"确定"按钮，保存图像。

6.1.2　制作宣传语　CorelDRAW 应用

STEP 1 打开 CorelDRAW X8 软件，按 Ctrl+N 组合键，弹出"创建新文档"对话框，设置文档的宽度为 600 毫米，高度为 800 毫米，取向为横向，原色模式为 CMYK，渲染分辨率为 300 像素/英寸，单击"确定"按钮，创建一个文档。

STEP 2 按 Ctrl+I 组合键，弹出"导入"对话框，打开资源包中的"Ch06 > 效果 > 商场宣传单设计 > 商场宣传单底图.jpg"文件，单击"导入"按钮，在页面中单击导入图片。按 P 键，图片在页面中居中对齐，效果如图 6-18 所示。

商场宣传单设计 2

STEP 3 选择"文本"工具 字，在页面中分别输入需要的文字，选择"选择"工具 ▶，在属性栏中分别选取适当的字体并设置文字大小，效果如图 6-19 所示。

图 6-18　　　　　　　　　图 6-19

STEP 4 选择"选择"工具 ，选取需要的文字。按 Ctrl+T 组合键，弹出"文本属性"泊坞窗，单击"段落"按钮 ，选项的设置如图 6-20 所示。按 Enter 键，效果如图 6-21 所示。

图 6-20

图 6-21

STEP 5 选择"选择"工具 ，选取需要的文字。在"文本属性"泊坞窗中，选项的设置如图 6-22 所示。按 Enter 键，效果如图 6-23 所示。

图 6-22

图 6-23

STEP 6 选择"文本"工具 字，在页面中分别输入需要的文字，选择"选择"工具 ，在属性栏中分别选取适当的字体并设置文字大小，效果如图 6-24 所示。用圈选的方法同时选取需要的文字，单击属性栏中的"将文本更改为垂直方向"按钮 ，垂直排列文字，并拖曳到适当的位置，效果如图 6-25 所示。

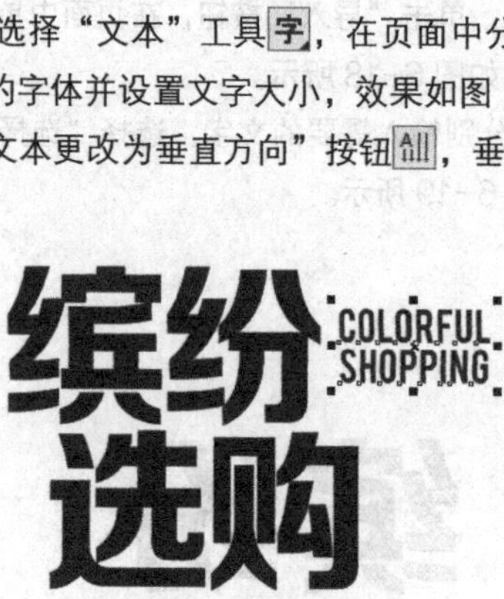

图 6-24

图 6-25

STEP 7 用圈选的方法同时选取需要的文字，如图 6-26 所示。再次单击使其处于旋转状态，向上拖曳中间的控制手柄到适当的位置，如图 6-27 所示。再次单击使其处于选取状态，选择"对象 > 造型 > 合并"命令，合并文字，效果如图 6-28 所示。

图 6-26   图 6-27   图 6-28

STEP 8 保持文字的选取状态。选择"编辑填充"工具 ，弹出"编辑填充"对话框，单击"渐变填充"按钮 ，在"位置"选项中分别输入 0、100 两个位置点，分别设置位置点颜色的 CMYK 值为 0 对应（0、80、100、0）、100 对应（0、4、74、0），如图 6-29 所示。单击"确定"按钮，填充文字，效果如图 6-30 所示。

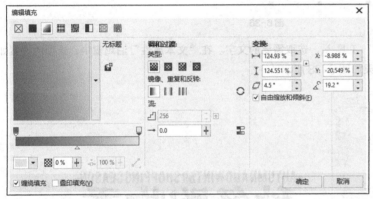

图 6-29   图 6-30

STEP 9 选择"立体化"工具 ，光标变为 ，在图形上从中心至下方拖曳鼠标，为文字添加立体化效果。在属性栏中单击"立体化颜色"按钮 ，在弹出的面板中单击"使用递减的颜色"按钮 ，将"从"选项颜色的 CMYK 值设置为 0、100、100、0，"到"选项颜色的 CMYK 值设置为 0、0、0、100，其他选项的设置如图 6-31 所示。按 Enter 键，效果如图 6-32 所示。选择"选择"工具 ，将其拖曳到页面中适当的位置，如图 6-33 所示。

图 6-31   图 6-32   图 6-33

STEP 10 选择"文本"工具 字，在页面中分别输入需要的文字，选择"选择"工具 ，在属性栏中分别选取适当的字体并设置文字大小，效果如图 6-34 所示。用圈选的方法选取需要的文字，设置文字颜色的 CMYK 值为 0、100、100、10，填充文字，效果如图 6-35 所示。选取下方的文字，设置文字颜色的 CMYK 值为 0、20、100、0，填充文字，效果如图 6-36 所示。

图 6-34

图 6-35

图 6-36

STEP 11 选择"选择"工具，选取需要的文字。在"文本属性"泊坞窗中，选项的设置如图 6-37 所示。按 Enter 键，效果如图 6-38 所示。

图 6-37

图 6-38

STEP 12 选择"选择"工具，用圈选的方法同时选取需要的文字，再次单击文字使其处于旋转状态，向上拖曳中间的控制手柄到适当的位置，效果如图 6-39 所示。再次单击文字使其处于选取状态，并拖曳到适当的位置，效果如图 6-40 所示。

图 6-39

图 6-40

STEP13 选择"选择"工具 ， 用圈选的方法同时选取需要的文字，按数字键盘上的+键，复制文字，并将其拖曳到适当的位置，填充文字为白色，效果如图6-41所示。

图 6-41

STEP14 选取需要的文字，再选择"编辑填充"工具 ，弹出"编辑填充"对话框，单击"渐变填充"按钮 ，在"位置"选项中分别输入 0、50、100 三个位置点，分别设置位置点颜色的 CMYK 值为 0 对应（0、0、89、0）、50 对应（0、0、34、0）、100 对应（0、0、90、0），如图6-42 所示。单击"确定"按钮，填充文字，效果如图6-43 所示。

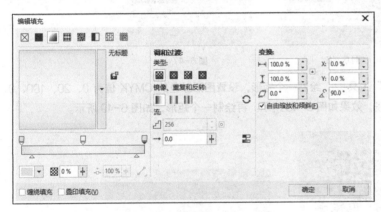

图 6-42

图 6-43

6.1.3 添加其他相关信息

STEP1 选择"文本"工具 ，在页面中分别输入需要的文字，选择"选择"工具 ，在属性栏中分别选取适当的字体并设置文字大小，效果如图6-44 所示。选取需要的文字，设置文字颜色的 CMYK 值为 0、100、100、10，填充文字，效果如图6-45所示。

商场宣传单设计 3

STEP2 选择"椭圆形"工具 ，按住 Ctrl 键的同时，在适当的位置绘制一个圆形。设置图形颜色的 CMYK 值为 0、100、100、10，填充图形，并去除图形的轮廓线，效果如图6-46所示。

STEP3 按 Ctrl+I 组合键，弹出"导入"对话框，打开资源包中的"Ch06 > 素材 > 商场宣传单设计 > 05"文件，单击"导入"按钮，在页面中单击导入图片，并将其拖曳到适当的位置，效果如图6-47 所示。

图 6-44 　　　　　　　　　　 图 6-45

图 6-46 　　　　　　　　　　 图 6-47

STEP 4 选择"矩形"工具 ▢，绘制一个矩形，设置图形颜色的 CMYK 值为 0、20、100、0，填充图形，并去除图形的轮廓线，效果如图 6-48 所示。再绘制一个矩形，如图 6-49 所示。

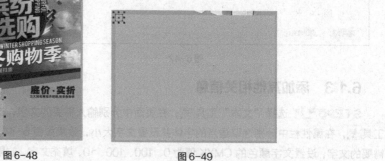

图 6-48 　　　　　　　　　　 图 6-49

STEP 5 保持矩形的选取状态。单击属性栏中的"转换为曲线"按钮 ⟳，将图形转换为曲线，如图 6-50 所示。选择"形状"工具 ⬗，双击右下角的控制点，删除不需要的节点，效果如图 6-51 所示。设置图形颜色的 CMYK 值为 0、85、100、0，填充图形，并去除图形的轮廓线，效果如图 6-52 所示。

STEP 6 选择"选择"工具 ▶，选取图形。按数字键盘上的+键，复制图形。按住 Shift 键的同时，水平向右拖曳图形到适当的位置，效果如图 6-53 所示。单击属性栏中的"水平镜像"按钮 ▥，水平翻转图形，效果如图 6-54 所示。

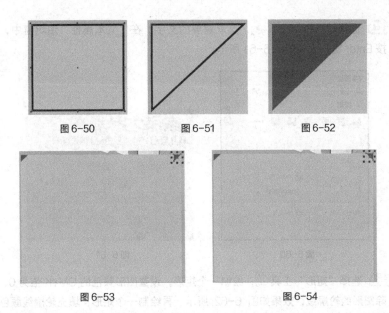

图 6-50　　　　　　　　图 6-51　　　　　　　　图 6-52

图 6-53　　　　　　　　　　　　　图 6-54

STEP 7 选择"选择"工具 ，用圈选的方法同时选取需要的图形。按数字键盘上的+键，按住 Shift 键的同时，垂直向下拖曳图形到适当的位置，效果如图 6-55 所示。单击属性栏中的"垂直镜像"按钮 ，垂直翻转图形，效果如图 6-56 所示。

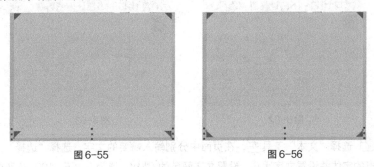

图 6-55　　　　　　　　　　　　　图 6-56

STEP 8 选择"文本"工具 字，在适当的位置分别输入需要的文字，选择"选择"工具 ，在属性栏中分别选取适当的字体并设置文字大小。设置文字颜色的 CMYK 值为 100、20、0、20，填充文字，效果如图 6-57 所示。

STEP 9 选择"选择"工具 ，选取需要的文字。在"文本属性"泊坞窗中，选项的设置如图 6-58 所示。按 Enter 键，效果如图 6-59 所示。

图 6-57　　　　　　　　　　图 6-58　　　　　　　　　图 6-59

STEP 10 选择"选择"工具 ，选取需要的文字。在"文本属性"泊坞窗中，选项的设置如图6-60所示。按Enter键，效果如图6-61所示。

图6-60   图6-61

STEP 11 选择"矩形"工具 ，绘制一个矩形，设置图形颜色的CMYK值为0、85、100、0，填充图形，并去除图形的轮廓线，效果如图6-62所示。再绘制一个矩形，填充轮廓线颜色为白色。在属性栏中的"轮廓宽度" 0.2 mm 框中设置数值为0.5mm，按Enter键，效果如图6-63所示。

图6-62   图6-63

STEP 12 选择"文本"工具 字 ，在页面中分别输入需要的文字，选择"选择"工具 ，在属性栏中分别选取适当的字体并设置文字大小。设置文字颜色的CMYK值为0、85、100、0和白色，填充文字，效果如图6-64所示。选择"文本"工具 字 ，选取需要的文字，填充为黑色，效果如图6-65所示。

图6-64   图6-65

STEP 13 用相同的方法制作其他图形和文字，效果如图6-66所示。选择"选择"工具 ，用圈选的方法同时选取需要的图形和文字，连续按Ctrl+PageDown组合键，将其向后移动到适当的位置，效果如图6-67所示。

图 6-66　　　　　　　　　　　图 6-67

STEP 14 用上述方法制作右侧的图形，如图 6-68 所示。选择"文本"工具 **字**，在页面中分别输入需要的文字，选择"选择"工具 **↖**，在属性栏中分别选取适当的字体并设置文字大小。设置文字颜色的 CMYK 值为 0、100、100、10，填充文字，效果如图 6-69 所示。在"文本属性"泊坞窗中，分别设置适当的文字间距，效果如图 6-70 所示。

图 6-68

图 6-69　　　　　　　　　　　图 6-70

STEP 15 选择"矩形"工具 **▢**，绘制一个矩形，设置图形颜色的 CMYK 值为 0、100、100、10，填充图形，并去除图形的轮廓线，效果如图 6-71 所示。选择"文本"工具 **字**，在页面中输入需要的文字并分别选取文字，在属性栏中分别选取适当的字体并设置文字大小，设置文字颜色的 CMYK 值为 0、20、100、0，填充文字，效果如图 6-72 所示。

图 6-71　　　　　　　　　　　图 6-72

STEP 16 用相同的方法制作其他图形和文字，效果如图 6-73 所示。在下方的图形中分别输入需要的文字，并填充适当的颜色，效果如图 6-74 所示。

图 6-73

图 6-74

STEP 17 选择"矩形"工具□，绘制一个矩形，设置图形颜色的 CMYK 值为 0、100、0、0，填充图形，并去除图形的轮廓线，效果如图 6-75 所示。连续按 Ctrl+PageDown 组合键，后移图形到适当的位置，效果如图 6-76 所示。

图 6-75

图 6-76

STEP 18 用相同的方法绘制图形并后移到适当的位置，效果如图 6-77 所示。商场宣传单制作完成，效果如图 6-78 所示。

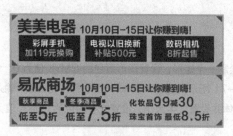

图 6-77

图 6-78

STEP 19 按 Ctrl+S 组合键，弹出"保存绘图"对话框，将制作好的图像命名为"商场宣传单"，保存为 CDR 格式，单击"保存"按钮，保存图像。

6.2 汉堡宣传单设计

案例学习目标

在 Photoshop 中，学习使用"添加图层样式"按钮、"创建新的填充或调整图层"按钮制作宣传单底图；

在 CorelDRAW 中，学习使用"绘图"工具、"文本"工具、"文本属性"泊坞窗添加宣传性文字。

案例知识要点

在 Photoshop 中，使用"移动"工具、"投影"命令、"亮度/对比度"命令制作宣传单底图；在 CorelDRAW 中，使用"文本"工具、"文本属性"泊坞窗添加并编辑标题文字，使用"星形"工具绘制装饰星形，使用"矩形"工具、"手绘"工具、"轮廓笔"工具和"文本"工具制作汉堡品类，使用"椭圆形"工具、"轮廓笔"工具、"文本"工具和"旋转角度"选项制作价格标签。汉堡宣传单设计效果如图 6-79 所示。

效果所在位置

资源包 > Ch06 > 效果 > 汉堡宣传单设计 > 汉堡宣传单.cdr。

图 6-79

6.2.1 制作背景效果　Photoshop 应用

STEP 1 打开 Photoshop CC 2019 软件，按 Ctrl+O 组合键，打开资源包中的 "Ch06 > 素材 > 汉堡宣传单设计 > 01、02"文件，如图 6-80 所示。选择"移动" 工具 ⊕，将"02"汉堡图片拖曳到"01"图像窗口中适当的位置，效果如图 6-81 所示。在"图层"控制面板中生成新的图层并将其命名为"汉堡"。

汉堡宣传单设计 1

图 6-80

图 6-81

STEP 2 单击"图层"控制面板下方的"添加图层样式"按钮 ƒ，在弹出的"图层样式"对话框中选择"投影"命令，在弹出的窗口中进行设置，如图 6-82 所示。单击"确定"按钮，效果如图 6-83 所示。

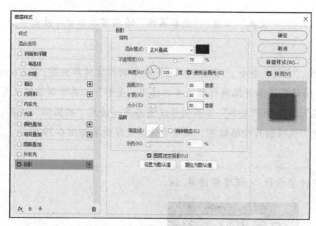

图 6-82

图 6-83

STEP ↘3 单击"图层"控制面板下方的"创建新的填充或调整图层"按钮 ，在弹出的菜单中选择"亮度/对比度"命令，在"图层"控制面板中生成"亮度/对比度 1"图层，同时弹出"亮度/对比度"面板，单击"此调整影响下面所有图层"按钮 使其显示为"此调整剪切到此图层"按钮 ，其他选项的设置如图 6-84 所示。按 Enter 键确定操作，图像效果如图 6-85 所示。

图 6-84

图 6-85

STEP ↘4 按 Shift+Ctrl+E 组合键，合并可见图层。按 Ctrl+S 组合键，弹出"另存为"对话框，将其命名为"汉堡广告底图"，保存为 JPEG 格式，单击"保存"按钮，弹出"JPEG 选项"对话框，单击"确定"按钮，将图像保存。

6.2.2　制作标题文字 CorelDRAW 应用

STEP ↘1 打开 CorelDRAW X8 软件，按 Ctrl+N 组合键，弹出"创建新文档"对话框，设置文档的宽度为 210 毫米，高度为 285 毫米，取向为纵向，原色模式为 CMYK，渲染分辨率为 300 像素/英寸，单击"确定"按钮，创建一个文档。选择"视图 > 页 >
出血"命令，显示出血线。

汉堡宣传单设计 2

STEP ↘2 按 Ctrl+I 组合键，弹出"导入"对话框，选择资源包中的"Ch06 > 效果 > 汉堡广告设计 > 汉堡广告底图.jpg"文件，单击"导入"按钮，在页面中单击导入图片，如图 6-86 所示。按 P 键，图片在页面中居中对齐，效果如图 6-87 所示。

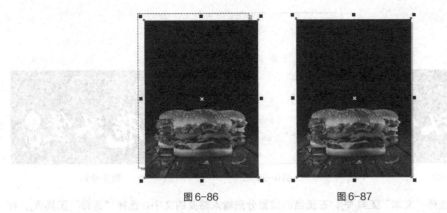

图 6-86　　　　　　　　　　　　图 6-87

STEP 3 选择"文本"工具 **字**，在适当的位置分别输入需要的文字。选择"选择"工具 ，在属性栏中分别选择合适的字体并设置文字大小，同时选取输入的文字，填充文字为白色，效果如图 6-88 所示。

STEP 4 选择"文本 > 文本属性"命令，在弹出的"文本属性"泊坞窗中进行设置，如图 6-89 所示。按 Enter 键，效果如图 6-90 所示。

图 6-88　　　　　　　　　　　图 6-89　　　　　　　　　　　图 6-90

STEP 5 选择"椭圆形"工具 ，按住 Ctrl 键的同时，在适当的位置绘制一个圆形，填充图形为白色，并去除图形的轮廓线，效果如图 6-91 所示。

STEP 6 按数字键盘上的+键，复制圆形。选择"选择"工具 ，按住 Shift 键的同时，垂直向下拖曳复制的圆形到适当的位置，效果如图 6-92 所示。

图 6-91　　　　　　　　　　　　　　图 6-92

STEP 7 选择"文本"工具 **字**，在适当的位置输入需要的文字。选择"选择"工具 ，在属性栏中选择合适的字体并设置文字大小，单击"将文本更改为垂直方向"按钮 ，效果如图 6-93 所示。在"文本属性"泊坞窗中进行设置，如图 6-94 所示。按 Enter 键。效果如图 6-95 所示。

图 6-93   图 6-94   图 6-95

STEP 8 选择"文本"工具 **字**，在适当的位置分别输入需要的文字。选择"选择"工具 **↖**，在属性栏中分别选择合适的字体并设置文字大小，单击"将文本更改为水平方向"按钮 **⊟**，填充文字为白色，效果如图 6-96 所示。

STEP 9 在"文本属性"泊坞窗中进行设置，如图 6-97 所示。按 Enter 键，效果如图 6-98 所示。

图 6-96   图 6-97   图 6-98

STEP 10 选择"矩形"工具 **□**，在适当的位置绘制一个矩形，设置图形颜色的 CMYK 值为 55、17、100、0，填充图形，并去除图形的轮廓线，效果如图 6-99 所示。

STEP 11 保持矩形选取状态。再次单击矩形，使其处于旋转状态，如图 6-100 所示。单击并向右拖曳中间的控制手柄到适当的位置，松开鼠标左键，倾斜矩形，效果如图 6-101 所示。

图 6-99   图 6-100   图 6-101

STEP 12 选择"文本"工具 **字**，在适当的位置输入需要的文字，选择"选择"工具 **↖**，在属性栏中选取适当的字体并设置文字大小，填充文字为白色，效果如图 6-102 所示。选择"形状"工具 **⌐**，向右拖曳文字下方的 **⫴** 图标，调整文字的间距，效果如图 6-103 所示。

图 6-102   图 6-103

STEP 13 选择"星形"工具☆，在属性栏中的设置如图 6-104 所示。按住 Ctrl 键的同时，在页面外绘制一个五角星，如图 6-105 所示。设置图形颜色的 CMYK 值为 55、17、100、0，填充图形，并去除图形的轮廓线，效果如图 6-106 所示。

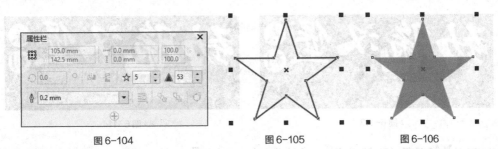

图 6-104　　　　　　　图 6-105　　　　　　　图 6-106

STEP 14 按数字键盘上的+键，复制星形。选择"选择"工具▶，按住 Shift 键的同时，水平向右拖曳复制的星形到适当的位置，效果如图 6-107 所示。按 Ctrl+D 组合键，按需要再复制出一个星形，效果如图 6-108 所示。

图 6-107　　　　　　　　　　　　图 6-108

STEP 15 选择"选择"工具▶，用圈选的方法同时选取所绘制的星形，按 Ctrl+G 组合键，将其群组，拖曳群组星形到页面中适当的位置，效果如图 6-109 所示。按数字键盘上的+键，复制星形。按住 Shift 键的同时，水平向右拖曳复制的星形到适当的位置，效果如图 6-110 所示。

图 6-109　　　　　　　　　　图 6-110

6.2.3　制作汉堡品类

STEP 1 选择"椭圆形"工具○，按住 Ctrl 键的同时，在适当的位置绘制一个圆形，设置图形颜色的 CMYK 值为 55、17、100、0，填充图形，并去除图形的轮廓线，效果如图 6-111 所示。

STEP 2 按数字键盘上的+键，复制圆形。选择"选择"工具▶，按住 Shift 键的同时，水平向右拖曳复制的圆形到适当的位置，效果如图 6-112 所示。

汉堡宣传单设计 3

图 6-111　　　　　　　　　　图 6-112

STEP⤵3 按住 Ctrl 键的同时，再连续点按 D 键，按需要复制出多个圆形，效果如图 6-113 所示。选择"文本"工具**字**，在适当的位置输入需要的文字，选择"选择"工具**↖**，在属性栏中选取适当的字体并设置文字大小，效果如图 6-114 所示。

图 6-113

图 6-114

STEP⤵4 选择"形状"工具**↖**，向右拖曳文字下方的**Ⅲ**图标到适当的位置，调整文字的间距，效果如图 6-115 所示。选择"手绘"工具**↑**，按住 Ctrl 键的同时，在适当的位置绘制一条直线，效果如图 6-116 所示。

图 6-115

图 6-116

STEP⤵5 按 F12 键，弹出"轮廓笔"对话框，在"颜色"选项中设置轮廓线颜色的 CMYK 值为 55、17、100、0，其他选项的设置如图 6-117 所示。单击"确定"按钮，效果如图 6-118 所示。

图 6-117   图 6-118

STEP⤵6 按数字键盘上的+键，复制直线。选择"选择"工具**↖**，按住 Shift 键的同时，水平向右拖曳复制的直线到适当的位置，效果如图 6-119 所示。

STEP⤵7 选择"矩形"工具**□**，在适当的位置绘制一个矩形，在"CMYK 调色板"中的"红"色块上单击，填充图形，并去除图形的轮廓线，效果如图 6-120 所示。

图 6-119　　　　　　　　　　　　　　　图 6-120

STEP▸8 在属性栏中将"转角半径"选项设置为 0.0mm 和 11.0mm，如图 6-121 所示。按 Enter 键，效果如图 6-122 所示。

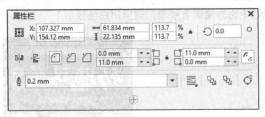

图 6-121　　　　　　　　　　　　　　图 6-122

STEP▸9 选择"文本"工具**字**，在适当的位置输入需要的文字，选择"选择"工具，在属性栏中选取适当的字体并设置文字大小，填充文字为白色，效果如图 6-123 所示。

STEP▸10 在"文本属性"泊坞窗中，单击"居中"按钮，其他选项的设置如图 6-124 所示。按 Enter 键，效果如图 6-125 所示。

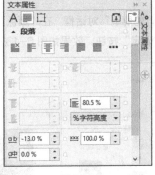

图 6-123　　　　　　　　图 6-124　　　　　　　　图 6-125

STEP▸11 选择"文本"工具**字**，选取文字"伴鱼伴牛堡"，在属性栏中选取适当的字体并设置文字大小，效果如图 6-126 所示。

STEP▸12 选择"手绘"工具，按住 Ctrl 键的同时，在适当的位置绘制一条竖线，按 F12 键，弹出"轮廓笔"对话框，在"颜色"选项中设置轮廓线颜色为"白"，其他选项的设置如图 6-127 所示。单击"确定"按钮，虚线效果如图 6-128 所示。

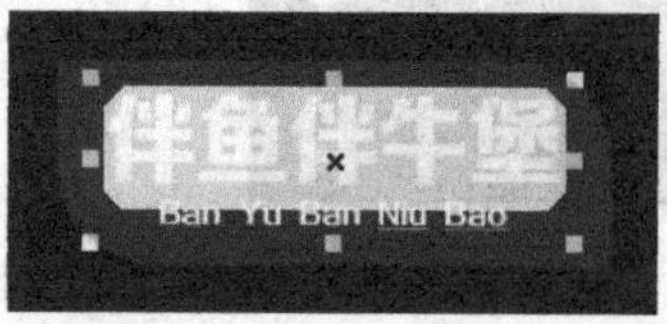

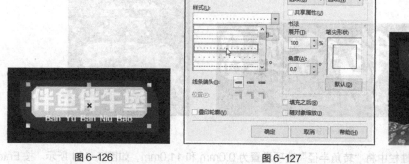

图 6-126

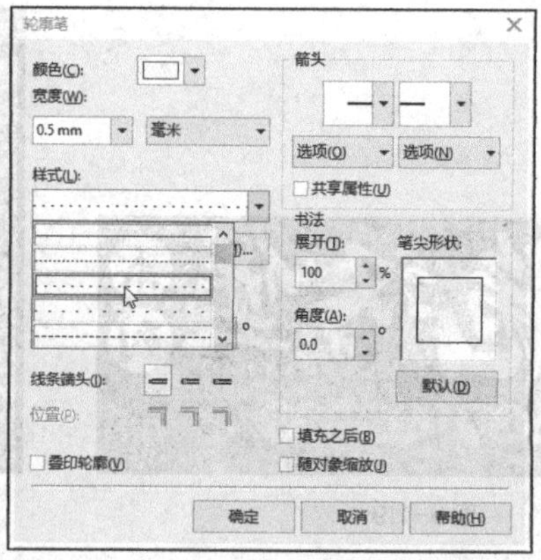

图 6-127

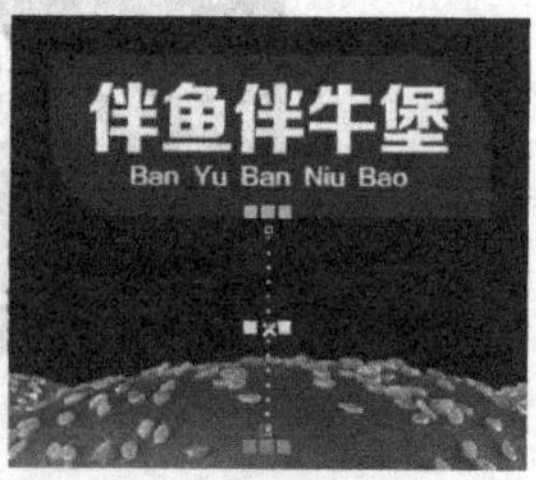

图 6-128

STEP 13 用相同的方法制作图 6-129 所示的效果。选择“椭圆形”工具，按住 Ctrl 键的同时，在适当的位置绘制一个圆形，如图 6-130 所示。（为方便读者观看，这里用白色显示）

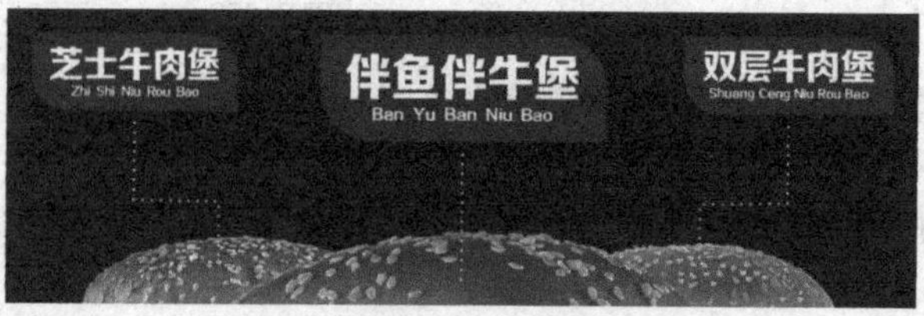

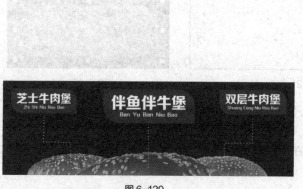

图 6-129

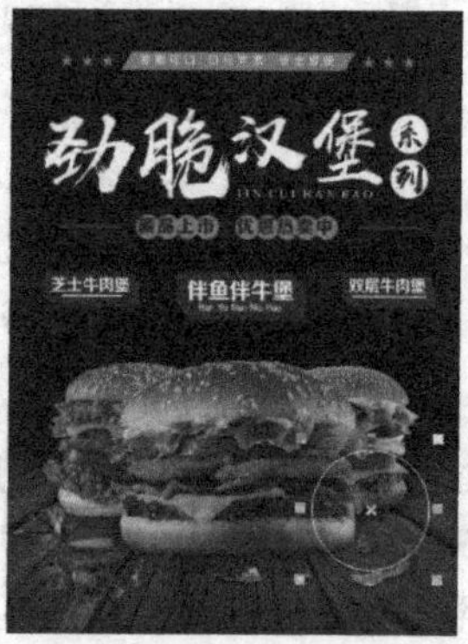

图 6-130

STEP 14 按 F12 键，弹出“轮廓笔”对话框，在“颜色”选项中设置轮廓线颜色为“红”，其他选项的设置如图 6-131 所示。单击“确定”按钮，效果如图 6-132 所示。

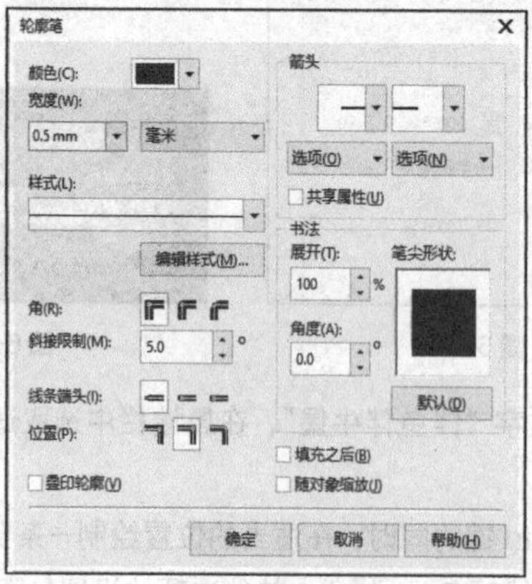

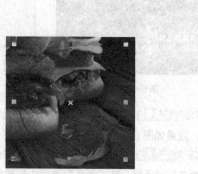

图 6-131

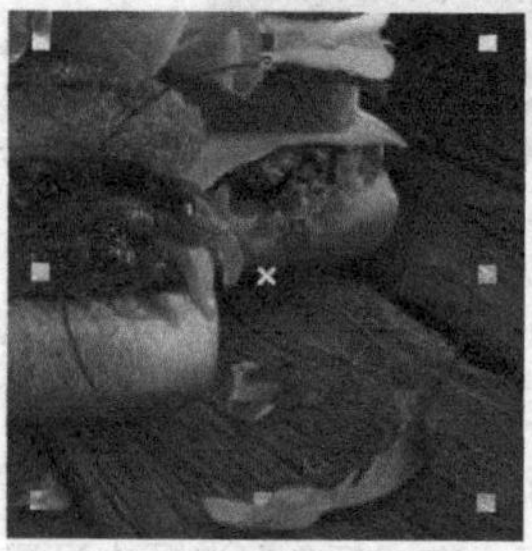
图 6-132

STEP 15 按数字键盘上的+键，复制圆形。选择“选择”工具，按住 Shift 键的同时，向内拖

曳图形右上角的控制手柄到适当的位置，同心圆效果如图 6-133 所示。在 "CMYK 调色板" 中的 "红" 色块上单击，填充图形，并去除图形的轮廓线，效果如图 6-134 所示。

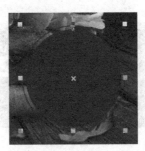

图 6-133　　　　　　　　图 6-134

STEP 16 选择 "文本" 工具 **字**，在适当的位置分别输入需要的文字。选择 "选择" 工具 ，在属性栏中分别选择合适的字体并设置文字大小，填充文字为白色，效果如图 6-135 所示。

STEP 17 选取数字 "29"，在属性栏中选择合适的字体并设置文字大小，效果如图 6-136 所示。选择 "选择" 工具 ，用圈选的方法同时选取所绘制的图形，在属性栏的 "旋转角度" 框 中设置数值为 10.5，按 Enter 键，效果如图 6-137 所示。

图 6-135　　　　　　　　图 6-136　　　　　　　　图 6-137

STEP 18 选择 "文本" 工具 **字**，在适当的位置输入需要的文字，选择 "选择" 工具 ，在属性栏中选取适当的字体并设置文字大小，填充文字为白色，效果如图 6-138 所示。选择 "形状" 工具 ，向右拖曳文字下方的 图标，调整文字的间距，效果如图 6-139 所示。

图 6-138　　　　　　　　　　图 6-139

STEP 19 选取文字 "010-68****98"，在属性栏中选择合适的字体并设置文字大小，效果如图 6-140 所示。汉堡宣传单制作完成，效果如图 6-141 所示。

STEP 20 按 Ctrl+S 组合键，弹出 "保存绘图" 对话框，将制作好的图像命名为 "汉堡宣传单"，保存为 CDR 格式，单击 "保存" 按钮，保存图像。

图6-140 图6-141

6.3 课后习题——咖啡店宣传单设计

🔍 习题知识要点

在 Photoshop 中，使用"曲线"命令、"色阶"命令调整背景图片颜色，使用"图层控制"面板、"渐变"工具制作暗影效果；在 CorelDRAW 中，使用"文本"工具、"矩形"工具和"移除前面对象"按钮制作咖啡名称，使用"椭圆形"工具、"手绘"工具绘制装饰图形，使用"矩形"工具、"形状"工具和"文本"工具制作特惠标签。效果如图 6-142 所示。

➕ 效果所在位置

资源包 > Ch06 > 效果 > 咖啡店宣传单设计 > 咖啡店宣传单.cdr。

图6-142

咖啡店宣传单设计 1

咖啡店宣传单设计 2

Chapter

7

第 7 章
广告设计

广告通过电视、报纸和霓虹灯等媒介来发布，以多样的形式出现在城市中，是城市商业发展的写照。好的广告要强化视觉冲击力，抓住观众的视线。广告是重要的宣传媒体之一，具有实效性强、受众广泛、宣传力度大的特点。本章以舞蹈大赛广告、音乐会广告设计为例，讲解广告的制作方法和技巧。

课堂学习目标

- 掌握广告的设计
  思路和过程
- 掌握广告的制作
  方法和技巧

7.1 舞蹈大赛广告设计

⊕ 案例学习目标

　　在 Photoshop 中，学习使用"横排文字"工具、"图层控制"面板、多种"添加图层样式"按钮制作广告背景；在 CorelDRAW 中，学习使用"文本"工具、"文本属性"泊坞窗、"渐变"工具和"轮廓笔"工具添加报名信息，使用"阴影"工具为文字添加投影效果。

⊕ 案例知识要点

　　在 Photoshop 中，使用"横排文字"工具、"字符控制"面板添加主题文字，使用"斜面和浮雕"命令、"内阴影"命令、"渐变叠加"命令、"图案叠加和投影"命令为主题文字添加特殊效果，使用"图层的混合模式"选项、"不透明度"选项、"添加图层蒙版"按钮、"渐变"工具和"画笔"工具制作图片融洽效果；在 CorelDRAW 中，使用"文本"工具、"文本属性"泊坞窗添加报名信息，使用"渐变"工具为文字添加渐变效果，使用"矩形"工具、"转角半径"选项、"轮廓笔"工具添加装饰图形。舞蹈大赛广告设计效果如图 7-1 所示。

⊕ 效果所在位置

　　资源包 >Ch07> 效果 > 舞蹈大赛广告设计 > 舞蹈大赛广告.cdr。

图 7-1

7.1.1 制作背景效果 〔Photoshop 应用〕

STEP🔽1 打开 Photoshop CC 2019 软件，按 Ctrl+O 组合键，打开资源包中的"Ch07 > 素材 > 舞蹈大赛广告设计 > 01"文件，如图 7-2 所示。

舞蹈大赛广告设计 1

STEP🔽2 选择"横排文字"工具 T.，在适当的位置输入需要的文字并选取文字，在属性栏中选择合适的字体并设置大小，设置文本颜色为紫色（其 R、G、B 的值分别为 49、0、190），效果如图 7-3 所示。在"图层"控制面板中生成新的文字图层。

STEP🔽3 选取需要的文字，按 Ctrl+T 组合键，弹出"字符"控制面板，将"设置基线偏移" A↕ 0点 选项设置为−57.5 点，其他选项的设置如图 7-4 所示。按 Enter 键确定操作，效果如图 7-5 所示。

STEP🔽4 按 Ctrl+J 组合键，复制"街舞大赛"文字图层，生成新的文字图层"街舞大赛 拷贝"。单击"街舞大赛 拷贝"图层左侧的眼睛图标 👁，将"街舞大赛 拷贝"图层隐藏，如图 7-6 所示。

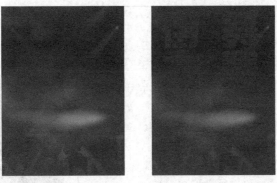

图7-2　　　　　　　　　　图7-3

图7-4

图7-5

图7-6

STEP 5 选中"街舞大赛"文字图层。单击"图层"控制面板下方的"添加图层样式"按钮 *fx*，在弹出的"图层样式"对话框中选择"斜面和浮雕"命令，在弹出的窗口中进行设置，如图 7-7 所示。选择"图层样式"对话框左侧的"等高线"选项，切换到相应的窗口中进行设置，如图 7-8 所示。

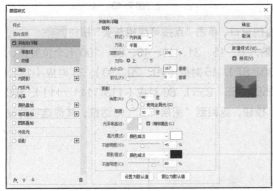

图7-7

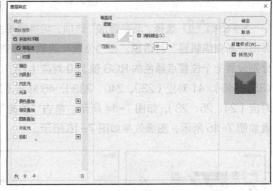

图7-8

STEP 6 选择"纹理"选项，切换到相应的窗口，单击"图案"选项右侧的按钮，弹出图案选择面板，单击面板右上方的按钮 ⚙，在弹出的菜单中选择"艺术表面"命令，弹出提示对话框，单击"追加"按钮。在图案选择面板中选择"浅色水粉水彩画"图案，如图 7-9 所示。返回到"图层样式"对话框，其他选项的设置如图 7-10 所示，图像效果如图 7-11 所示。

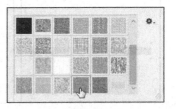

图7-9

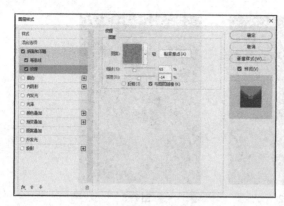

图 7-10   图 7-11

STEP 7 选择"内阴影"选项，切换到相应的窗口，将阴影颜色设置为白色，其他选项的设置如图 7-12 所示，图像效果如图 7-13 所示。

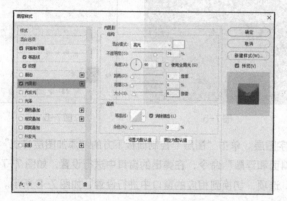

图 7-12   图 7-13

STEP 8 选择"渐变叠加"选项，切换到相应的窗口，单击"点按可编辑渐变"按钮 ，弹出"渐变编辑器"对话框，在"位置"选项中分别输入 0、15、31、41、46、86、100 七个位置点，分别设置七个位置点颜色的 RGB 值为 0 对应（78、80、87）、15 对应（29、29、30）、31 对应（131、135、140）、41 对应（239、240、238）、46 对应（255、255、255）、86 对应（113、111、111）、100 对应（24、25、28），如图 7-14 所示。单击"确定"按钮，返回到"图层样式"对话框，其他选项的设置如图 7-15 所示，图像效果如图 7-16 所示。

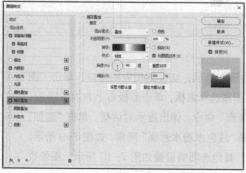

图 7-14   图 7-15   图 7-16

STEP 9 选择"图案叠加"选项，切换到相应的窗口，单击"图案"选项右侧的按钮，弹出图案选择面板，单击面板右上方的按钮，在弹出的菜单中选择"彩色纸"命令，弹出提示对话框，单击"追加"按钮。在图案选择面板中选择"绿色纤维纸"图案，如图 7-17 所示。返回到"图层样式"对话框，其他选项的设置如图 7-18 所示，图像效果如图 7-19 所示。

图 7-17

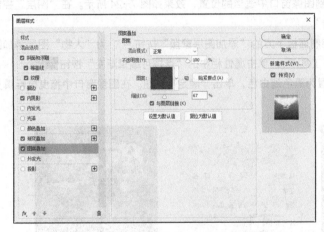

图 7-18

图 7-19

STEP 10 选择"投影"选项，切换到相应的窗口中进行设置，如图 7-20 所示。单击"确定"按钮，图像效果如图 7-21 所示。

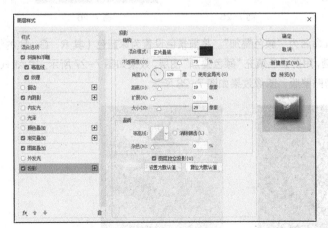

图 7-20

图 7-21

STEP 11 选中并显示"街舞大赛 拷贝"图层。在"图层"控制面板上方，将"街舞大赛 拷贝"图层的混合模式选项设置为"叠加"，如图 7-22 所示，图像效果如图 7-23 所示。

图 7-22   图 7-23

STEP 12 按 Ctrl+O 组合键，打开资源包中的"Ch07 > 素材 > 舞蹈大赛广告设计 > 02"文件，选择"移动"工具 ，将图片拖曳到图像窗口中适当的位置，效果如图 7-24 所示。在"图层"控制面板中生成新的图层并将其命名为"人物"。

STEP 13 单击"图层"控制面板下方的"添加图层蒙版"按钮 ，为"人物"图层添加图层蒙版，如图 7-25 所示。选择"渐变"工具 ，单击属性栏中的"点按可编辑渐变"按钮 ，弹出"渐变编辑器"对话框，将渐变色设置为黑色到白色，单击"确定"按钮。在图像窗口中拖曳鼠标填充渐变色，效果如图 7-26 所示。

图 7-24   图 7-25   图 7-26

STEP 14 新建图层并将其命名为"颜色叠加"。将前景色设置为深蓝色（其 R、G、B 的值分别为 16、10、43），按 Alt+Delete 组合键，用前景色填充"颜色叠加"图层，效果如图 7-27 所示。按 Alt+Ctrl+G 组合键，为"颜色叠加"图层创建剪贴蒙版，图像效果如图 7-28 所示。

图 7-27   图 7-28

STEP 15 在“图层”控制面板上方，将“颜色叠加”图层的混合模式选项设置为“叠加”，“不透明度”选项设置为 70%，如图 7-29 所示，效果如图 7-30 所示。

图 7-29 　　　　　　　　　　　图 7-30

STEP 16 单击“图层”控制面板下方的“添加图层蒙版”按钮 ▢ ，为“颜色叠加”图层添加图层蒙版，如图 7-31 所示，将前景色设置为黑色。选择“画笔”工具 ✐ ，在属性栏中单击“画笔”选项右侧的按钮 ，在弹出的画笔面板中选择需要的画笔形状，如图 7-32 所示。在图像窗口中进行涂抹，擦除不需要的部分，效果如图 7-33 所示。

图 7-31 　　　　　　　　图 7-32 　　　　　　　　图 7-33

STEP 17 按 Shift+Ctrl+E 组合键，合并可见图层。按 Ctrl+S 组合键，弹出“另存为”对话框，将其命名为“舞蹈大赛广告底图”，保存为 JPEG 格式，单击“保存”按钮，弹出“JPEG 选项”对话框，单击“确定”按钮，保存图像。

7.1.2　添加报名信息　CorelDRAW 应用

STEP 1 打开 CorelDRAW X8 软件，按 Ctrl+N 组合键，弹出“创建新文档”对话框，设置文档的宽度为 210 毫米，高度为 285 毫米，取向为纵向，原色模式为 CMYK，渲染分辨率为 300 像素/英寸，单击“确定”按钮，创建一个文档。选择“视图 > 页 > 出血”命令，显示出血线。

舞蹈大赛广告设计 2

STEP 2 按 Ctrl+I 组合键，弹出“导入”对话框，选择资源包中的“Ch07 > 效果 > 舞蹈大赛广告设计 > 舞蹈大赛广告底图.jpg”文件，单击“导入”按钮，在页面中单击导入图片，如图 7-34 所示。按 P 键，图片在页面中居中对齐，效果如图 7-35 所示。

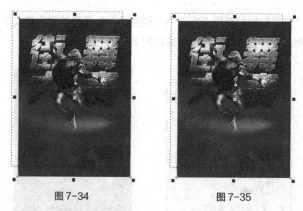

图 7-34 图 7-35

STEP 3 选择"文本"工具 **字**，在页面中输入需要的文字，选择"选择"工具 ↖，在属性栏中选取适当的字体并设置文字大小，效果如图 7-36 所示。

STEP 4 选择"文本 > 文本属性"命令，在弹出的"文本属性"泊坞窗中进行设置，如图 7-37 所示。按 Enter 键，效果如图 7-38 所示。

图 7-36 图 7-37 图 7-38

STEP 5 按 F11 键，弹出"编辑填充"对话框，选择"渐变填充"按钮 ▦，在"节点位置"选项中分别添加并输入 0、30、62、100 四个位置点，分别设置四个位置点颜色的 CMYK 值为 0 对应（27、48、89、0）、30 对应（1、4、18、0）、62 对应（57、84、100、42）、100 对应（15、29、71、0），其他选项的设置如图 7-39 所示。单击"确定"按钮，填充文字，效果如图 7-40 所示。

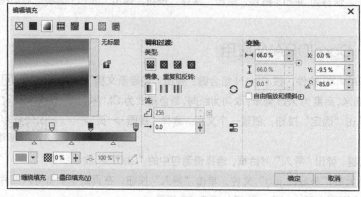 

图 7-39 图 7-40

STEP 6 保持文字选取状态，再次单击文字，使其处于旋转状态，如图 7-41 所示。单击并向右
拖曳中间的控制手柄到适当的位置，松开鼠标左键，倾斜文字，效果如图 7-42 所示。

图 7-41　　　　　　　　　　　　图 7-42

STEP 7 选择"阴影"工具 ，在文字对象上由上至下拖曳鼠标，为文字添加阴影效果，在属性
栏中的设置如图 7-43 所示。按 Enter 键，效果如图 7-44 所示。

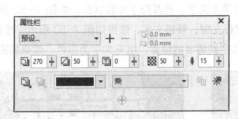

图 7-43　　　　　　　　　　　　图 7-44

STEP 8 选择"文本"工具 字，在适当的位置输入需要的文字。选择"选择"工具 ，在属性
栏中选择合适的字体并设置文字大小，填充文字为白色，效果如图 7-45 所示。选取文字"报名启动！"，
在属性栏中设置文字大小，效果如图 7-46 所示。

图 7-45　　　　　　　　　　　　图 7-46

STEP 9 选择"选择"工具 ，再次单击文字，使其处于旋转状态，如图 7-47 所示。单击并向
右拖曳中间的控制手柄到适当的位置，松开鼠标左键，倾斜文字，效果如图 7-48 所示。

STEP 10 选择"文本"工具 字，在适当的位置输入需要的文字，选择"选择"工具 ，在属性
栏中选取适当的字体并设置文字大小，填充文字为白色，效果如图 7-49 所示。选择"形状"工具 ，向

右拖曳文字下方的 |||| 图标，调整文字的间距，效果如图 7-50 所示。

图 7-47

图 7-48

图 7-49

图 7-50

STEP 11 选择"文本"工具 字，在适当的位置输入需要的文字，选择"选择"工具 ，在属性栏中选取适当的字体并设置文字大小。在"CMYK 调色板"中的"洋红"色块上单击，填充文字，效果如图 7-51 所示。

STEP 12 保持文字选取状态。再次单击文字，使其处于旋转状态，如图 7-52 所示。单击并向右拖曳中间的控制手柄到适当的位置，松开鼠标左键，倾斜文字，效果如图 7-53 所示。按数字键盘上的 + 键，复制文字，选择"选择"工具 ，微调文字到适当的位置，填充文字为白色，效果如图 7-54 所示。

图 7-51

图 7-52

图 7-53

图 7-54

STEP 13 选择"矩形"工具 ，在适当的位置绘制一个矩形，在属性栏中将"转角半径"选项均设置为 3.5mm，按 Enter 键，效果如图 7-55 所示。（为方便读者观看，这里用白色显示）

STEP 14 按 F12 键，弹出"轮廓笔"对话框，在"颜色"选项中设置轮廓线颜色的 CMYK 值为 27、48、89、0，其他选项的设置如图 7-56 所示。单击"确定"按钮，效果如图 7-57 所示。

STEP 15 选择"矩形"工具 ▢ ，在适当的位置绘制一个矩形，设置图形颜色的 CMYK 值为 27、48、89、0，填充图形，并去除图形的轮廓线，效果如图 7-58 所示。

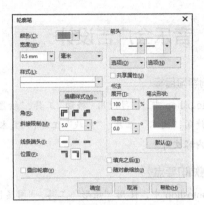

图 7-55　　　　　　　　　　　　　图 7-56

图 7-57　　　　　　　　　　　　　图 7-58

STEP 16 在属性栏中将"转角半径"选项均设置为 2.5mm，按 Enter 键，效果如图 7-59 所示。选择"文本"工具 字 ，在适当的位置输入需要的文字。选择"选择"工具 ▶ ，在属性栏中选择合适的字体并设置文字大小，填充文字为白色，效果如图 7-60 所示。

图 7-59　　　　　　　　　　　　　图 7-60

STEP 17 选择"文本"工具 字 ，选取"报名热线："，在属性栏中设置文字大小，效果如图 7-61 所示。舞蹈大赛广告设计完成，效果如图 7-62 所示。

图 7-61

图 7-62

STEP ↓18 按 Ctrl+S 组合键，弹出"保存绘图"对话框，将制作好的图像命名为"舞蹈大赛广告"，保存为 CDR 格式，单击"保存"按钮，将图像保存。

7.2 音乐会广告设计

案例学习目标

在 Photoshop 中，学习使用"移动"工具、"绘图"工具和"图层控制"面板制作广告底图；在 CorelDRAW 中，学习使用"文本"工具、"形状"工具、"文本属性"泊坞窗、"插入字符"命令和"项目符号"命令添加标题和内容文字。

案例知识要点

在 Photoshop 中，使用"矩形"工具、"图层控制"面板、"钢笔"工具、"创建剪贴蒙版"命令制作音乐会广告底图；在 CorelDRAW 中，使用"导入"命令、"椭圆形"工具、"置于图文框内部"命令制作 PowerClip 效果，使用"文本"工具、"形状"工具和"选择"工具添加并编辑标题文字，使用"文本"工具、"文本属性"泊坞窗、"插入字符"命令和"项目符号"命令添加宣传性文字，使用"手绘"工具绘制装饰线条。音乐会广告设计效果如图 7-63 所示。

效果所在位置

资源包 > Ch07 > 效果 > 音乐会广告设计 > 音乐会广告.cdr。

图 7-63

7.2.1 制作广告底图 Photoshop 应用

STEP ↓1 按 Ctrl+N 组合键，弹出"新建文档"对话框，设置宽度为 21.6 厘米，高度为 29.1 厘米，分辨率为 150 像素/英寸，颜色模式为 RGB，背景内容为白色，单击"创建"按钮，新建一个文档。

音乐会广告设计 1

STEP ↓2 选择"矩形"工具 ，在属性栏中将"填充"颜色设置为橘黄色（其 R、G、B 的值分别为 235、91、2），"描边"颜色设置为无，在图像窗口中绘制一个矩形，如图 7-64 所示。在"图层"控制面板中生成新的形状图层"矩形 1"。

STEP ↓3 按 Ctrl+O 组合键，打开资源包中的"Ch07 > 素材 > 音乐会广告设计 > 01"文件，选择"移动"工具 ，将图片拖曳到图像窗口中适当的位置，效果如图 7-65 所示。在"图层"控制面板中生成新的图层并将其命名为"底纹"。

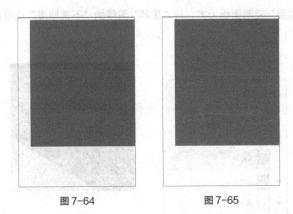

图 7-64   图 7-65

STEP 4 在"图层"控制面板上方，将"底纹"图层的混合模式选项设置为"叠加"，如图 7-66 所示，图像效果如图 7-67 所示。

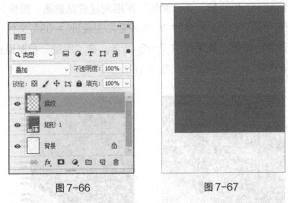

图 7-66   图 7-67

STEP 5 选择"钢笔"工具 ，在属性栏的"选择工具模式"选项中选择"形状"，将"填充"颜色设置为黑色，"描边"颜色设置为无，在图像窗口中绘制一个形状，效果如图 7-68 所示。在"图层"控制面板中生成新的形状图层"形状 1"。

STEP 6 按 Ctrl+O 组合键，打开资源包中的"Ch07 > 素材 > 音乐会广告设计 > 02"文件，选择"移动"工具 ，将图片拖曳到图像窗口中适当的位置，效果如图 7-69 所示。在"图层"控制面板中生成新的图层并将其命名为"弹琴"。

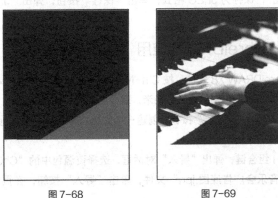

图 7-68   图 7-69

STEP 7 在"图层"控制面板上方，将"弹琴"图层的"不透明度"选项设置为10%，如图7-70所示，图像效果如图7-71所示。

图7-70   图7-71

STEP 8 按 Ctrl+Alt+G 组合键，为"弹琴"图层创建剪贴蒙版，图像效果如图 7-72 所示。按 Ctrl+O 组合键，打开资源包中的"Ch07 > 素材 > 音乐会广告设计 > 03"文件，选择"移动"工具 ，将图片拖曳到图像窗口中适当的位置，效果如图 7-73 所示。在"图层"控制面板中生成新的图层并将其命名为"琴键"。

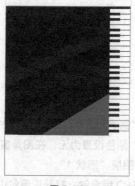

图7-72   图7-73

STEP 9 按 Shift+Ctrl+E 组合键，合并可见图层。按 Ctrl+S 组合键，弹出"另存为"对话框，将其命名为"音乐会广告底图"，保存为 JPEG 格式，单击"保存"按钮，弹出"JPEG 选项"对话框，单击"确定"按钮，保存图像。

7.2.2 添加标题 CorelDRAW 应用

STEP 1 打开 CorelDRAW X8 软件，按 Ctrl+N 组合键，弹出"创建新文档"对话框，设置文档的宽度为210毫米，高度为285毫米，取向为纵向，原色模式为CMYK，渲染分辨率为300像素/英寸，单击"确定"按钮，创建一个文档。选择"视图 > 页 > 出血"命令，显示出出血线。

音乐会广告设计 2

STEP 2 按 Ctrl+I 组合键，弹出"导入"对话框，选择资源包中的"Ch07 > 效果 > 音乐会广告设计 > 音乐会广告底图.jpg"文件，单击"导入"按钮，在页面中单击导入图片，如图

7-74 所示。按 P 键，图片在页面中居中对齐，效果如图 7-75 所示。

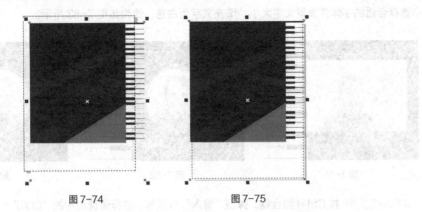

图 7-74   图 7-75

STEP 3 选择"椭圆形"工具 ◯，按住 Ctrl 键的同时，在适当的位置绘制一个圆形，如图 7-76 所示。设置轮廓线为白色，并在属性栏的"轮廓宽度"框 ◊ [0.2 mm ▼] 中设置数值为 0.5mm，按 Enter 键，效果如图 7-77 所示。

STEP 4 按数字键盘上的+键，复制圆形。选择"选择"工具 ▶，按住 Shift 键的同时，向内拖曳图形右上角的控制手柄到适当的位置，同心圆效果如图 7-78 所示。

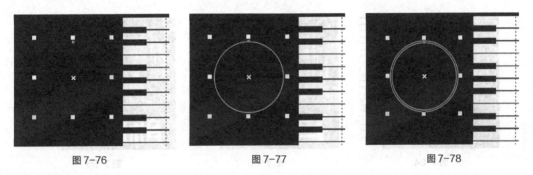

图 7-76   图 7-77   图 7-78

STEP 5 按 Ctrl+I 组合键，弹出"导入"对话框，选择资源包中的"Ch07 > 素材 > 音乐会广告设计 > 04"文件，单击"导入"按钮，在页面中单击导入图片，选择"选择"工具 ▶，拖曳图片到适当的位置并调整其大小，效果如图 7-79 所示。按 Ctrl+PageDown 组合键，将图片向后移动一层，效果如图 7-80 所示。

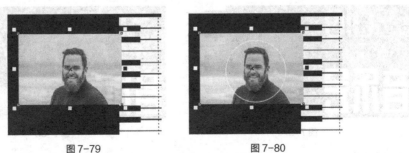

图 7-79   图 7-80

STEP 6 选择"对象 > PowerClip > 置于图文框内部"命令，光标变为黑色箭头形状，在白色圆形上单击，如图 7-81 所示。将图片置入白色圆形中，并去除图形的轮廓线，效果如图 7-82 所示。

STEP↗7 选择 "文本" 工具 **字**，在适当的位置输入需要的文字。选择 "选择" 工具 **↖**，在属性栏中选择合适的字体并设置文字大小，填充文字为白色，效果如图 7-83 所示。

图 7-81　　　　　　　　　图 7-82　　　　　　　　　图 7-83

STEP↗8 按 Ctrl+I 组合键，弹出 "导入" 对话框，选择资源包中的 "Ch07 > 素材 > 音乐会广告设计 > 05" 文件，单击 "导入" 按钮，在页面中单击导入文字，选择 "选择" 工具 **↖**，拖曳文字到适当的位置，效果如图 7-84 所示。

STEP↗9 选择 "文本" 工具 **字**，在适当的位置输入需要的文字。选择 "选择" 工具 **↖**，在属性栏中选择合适的字体并设置文字大小，填充文字为白色，效果如图 7-85 所示。向左拖曳文字右侧中间的控制手柄到适当的位置，调整其大小，效果如图 7-86 所示。

图 7-84　　　　　　　　　图 7-85　　　　　　　　　图 7-86

STEP↗10 选择 "文本" 工具 **字**，在适当的位置输入需要的文字，选择 "选择" 工具 **↖**，在属性栏中选取适当的字体并设置文字大小，效果如图 7-87 所示。设置文字颜色的 CMYK 值为 2、79、100、0，填充文字，效果如图 7-88 所示。

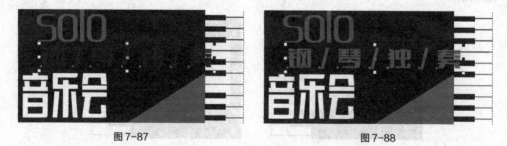

图 7-87　　　　　　　　　　　　　图 7-88

STEP↗11 选择 "文本" 工具 **字**，选取符号 " / "，在属性栏中设置文字大小，效果如图 7-89 所示。用相同的方法分别设置其他符号的大小，效果如图 7-90 所示。

图 7-89

图 7-90

STEP 12 选择"形状"工具 ，选取文字"钢 / 琴 / 独 / 奏"，如图 7-91 所示。按住 Shift 键的同时，依次单击选取"／"符号的节点，如图 7-92 所示。在属性栏中进行设置，如图 7-93 所示。按 Enter 键，效果如图 7-94 所示。

图 7-91

图 7-92

图 7-93

图 7-94

STEP 13 选择"选择"工具 ，选取文字"钢 / 琴 / 独 / 奏"，如图 7-95 所示。向左拖曳文字中间的控制手柄到适当的位置，调整其大小，效果如图 7-96 所示。

图 7-95

图 7-96

7.2.3 添加内容文字

STEP 1 选择"手绘"工具 ，在适当的位置绘制一条斜线，设置轮廓线为白色，并在属性栏的"轮廓宽度"框 0.2 mm 中设置数值为 0.5mm，按 Enter 键，效果如图 7-97 所示。

音乐会广告设计 3

STEP↙2 选择"文本"工具**字**，在适当的位置拖曳出一个文本框，效果如图7-98所示。在文本框中输入需要的文字，选择"选择"工具**▶**，在属性栏中选取适当的字体并设置文字大小，效果如图7-99所示。

图7-97　　　　　　　图7-98　　　　　　　图7-99

STEP↙3 选择"文本 > 文本属性"命令，在弹出的"文本属性"泊坞窗中进行设置，如图7-100所示。按Enter键，效果如图7-101所示。选择"文本"工具**字**，在第三行文字"曲"右侧单击插入光标，如图7-102所示。

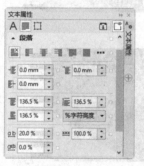

图7-100　　　　　　　图7-101　　　　　　　图7-102

STEP↙4 选择"文本 > 插入字符"命令，弹出"插入字符"泊坞窗，在泊坞窗中按需要进行设置并选择需要的字符，如图7-103所示。双击鼠标左键，插入字符，效果如图7-104所示。用相同的方法在适当的位置插入同样的字符，效果如图7-105所示。

图7-103　　　　　　　图7-104　　　　　　　图7-105

STEP 5 选择"文本 > 项目符号"命令，弹出"项目符号"对话框，勾选"使用项目符号"复选框，激活"外观"和"间距"选项卡，在对话框中按需要进行设置并选择需要的项目符号，如图 7-106 所示。单击"确定"按钮，效果如图 7-107 所示。

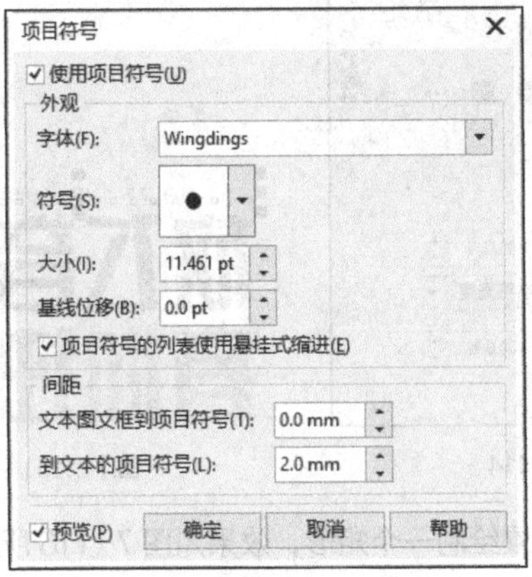

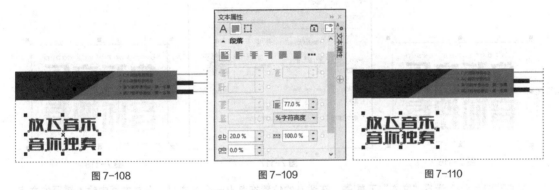

图 7-106 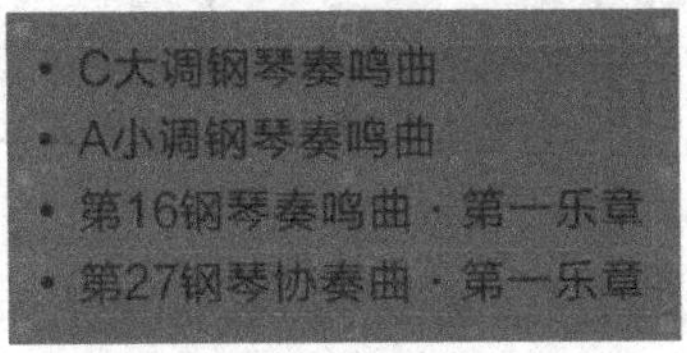   图 7-107

STEP 6 选择"文本"工具 **字**，在适当的位置输入需要的文字，选择"选择"工具 ▶，在属性栏中选取适当的字体并设置文字大小，效果如图 7-108 所示。在"文本属性"泊坞窗中进行设置，如图 7-109 所示。按 Enter 键，效果如图 7-110 所示。

图 7-108   图 7-109   图 7-110

STEP 7 选择"文本"工具 **字**，选取文字"音你独奏"，设置文字颜色的 CMYK 值为 2、79、100、0，填充文字，效果如图 7-111 所示。选择"选择"工具 ▶，向左拖曳文字中间的控制手柄到适当的位置，调整其大小，效果如图 7-112 所示。

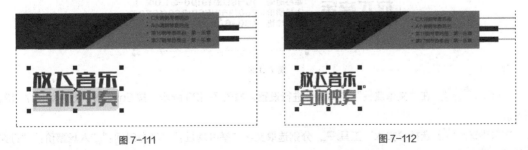

图 7-111   图 7-112

STEP 8 选择"文本"工具 **字**，在适当的位置输入需要的文字，选择"选择"工具 ▶，在属性栏中选取适当的字体并设置文字大小，效果如图7-113所示。在"文本属性"泊坞窗中进行设置，如图7-114所示。按Enter键，效果如图7-115所示。

图7-113　　　　　　　　　　图7-114　　　　　　　　　　图7-115

STEP☑9 选择"矩形"工具▢，在适当的位置绘制一个矩形，效果如图7-116所示。按F12键，弹出"轮廓笔"对话框，在"颜色"选项中设置轮廓线颜色的CMYK值为2、79、100、0，其他选项的设置如图7-117所示。单击"确定"按钮，效果如图7-118所示。

图7-116　　　　　　　　　　图7-117　　　　　　　　　　图7-118

STEP☑10 选择"文本"工具字，在适当的位置拖曳出一个文本框，在文本框中输入需要的文字，选择"选择"工具▸，在属性栏中选取适当的字体并设置文字大小，效果如图7-119所示。

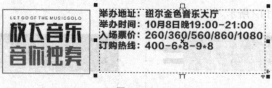

图7-119

STEP☑11 在"文本属性"泊坞窗中进行设置，如图7-120所示。按Enter键，效果如图7-121所示。

STEP☑12 选择"文本"工具字，分别选取文字"举办地址："举办时间："入场票价："订购热线:""400-6*8-9*8"，在属性栏中设置文字大小，效果如图7-122所示。

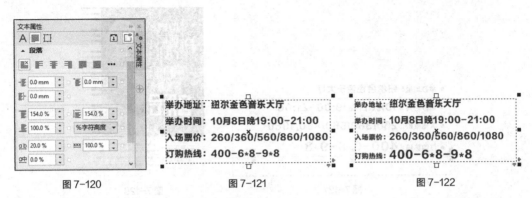

图 7-120   图 7-121   图 7-122

STEP**13** 选择"文本 > 项目符号"命令，弹出"项目符号"对话框，勾选"使用项目符号"复选框，激活"外观"和"间距"选项卡，在对话框中按需要进行设置并选择需要的项目符号，如图 7-123 所示。单击"确定"按钮，效果如图 7-124 所示。

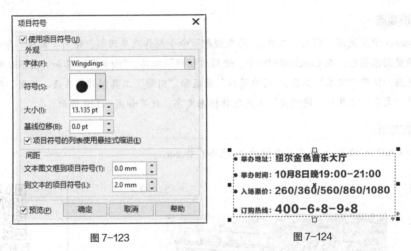

图 7-123   图 7-124

STEP**14** 选择"手绘"工具，按住 Ctrl 键的同时，在适当的位置绘制一条直线，如图 7-125 所示。按数字键盘上的+键，复制直线。选择"选择"工具，按住 Shift 键的同时，垂直向下拖曳复制的直线到适当的位置，效果如图 7-126 所示。

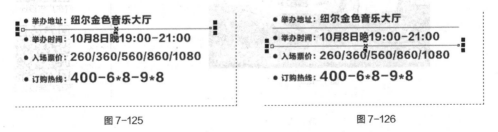

图 7-125   图 7-126

STEP**15** 按住 Ctrl 键的同时，再连续点按 D 键，按需要复制出多条直线，效果如图 7-127 所示。音乐会广告制作完成，效果如图 7-128 所示。

STEP**16** 按 Ctrl+S 组合键，弹出"保存绘图"对话框，将制作好的图像命名为"音乐会广告"，保存为 CDR 格式，单击"保存"按钮，保存图像。

图 7-127   图 7-128

7.3 课后习题——汽车广告设计

🔍 **习题知识要点**

在 Photoshop 中，使用"钢笔"工具、"高斯模糊"命令制作汽车阴影，使用"曲线"命令、"亮度/对比度"命令调整图像颜色；在 CorelDRAW 中，使用"矩形"工具、"渐变"工具和"图框精确剪裁"命令制作广告语底图，使用"文本"工具、"对象属性"面板和"阴影"工具制作广告语，使用"导入"命令添加礼品，使用"文本"工具和"透明度"工具制作标志文字。效果如图 7-129 所示。

🔍 **效果所在位置**

资源包 > Ch07 > 效果 > 汽车广告设计 > 汽车广告.cdr。

图 7-129

汽车广告设计 1

汽车广告设计 2

汽车广告设计 3

Photoshop CC
+
CorelDRAW X8

Chapter
8

第 8 章
海报设计

海报是广告艺术中的一种大众化载体，又名
"招贴"或"宣传画"。由于海报具有尺寸大、远
视性强、艺术性高的特点，因此，在宣传媒介中
占有重要的位置。本章以茶艺海报、公益环保海
报设计为例，讲解海报的制作方法和技巧。

课堂学习目标

- 掌握海报的设计
  思路和过程

- 掌握海报的制作
  方法和技巧

8.1 茶艺海报设计

案例学习目标

在 Photoshop 中，学习使用"变换"命令、"图层控制"面板和"画笔"工具处理背景图片，使用"创建新的填充或调整图层"按钮调整图片颜色；在 CorelDRAW 中，学习使用"置入"命令、"文本"工具、"形状"工具和"图形绘制"工具添加标题及相关信息。

案例知识要点

在 Photoshop 中，使用"垂直翻转"命令、"添加图层蒙版"按钮、"画笔"工具制作图片的合成效果，使用"色阶"命令、"色相/饱和度"命令、"色彩平衡"命令调整图片颜色；在 CorelDRAW 中，使用"矩形"工具、"形状"工具和"透明度"工具制作矩形框，使用"文本"工具、"形状"工具添加并编辑标题文字，使用"椭圆形"工具、"合并"命令、"移除前面对象"命令和"使文本适合路径"命令制作标志效果，使用"文本"工具、"文本属性"泊坞窗、"插入字符"命令添加展览日期及相关信息。茶艺海报设计效果如图 8-1 所示。

效果所在位置

资源包 > Ch08 > 效果 > 茶艺海报设计 > 茶艺海报.cdr。

图 8-1

8.1.1 处理背景图片 Photoshop 应用

STEP 1 按 Ctrl+N 组合键，弹出"新建文档"对话框，设置宽度为 21 厘米，高度为 28.5 厘米，分辨率为 150 像素/英寸，颜色模式为 RGB，背景内容为白色，单击"创建"按钮，新建一个文档。

茶艺海报设计 1

STEP 2 按 Ctrl+O 组合键，打开资源包中的"Ch08 > 素材 > 茶艺海报设计 > 01"文件。选择"移动"工具 ✛，将"01"图片拖曳到新建文件的适当位置，效果如图 8-2 所示，在"图层"控制面板中生成新的图层并将其命名为"图片"。按 Ctrl+J 组合键，复制"图片"图层，生成新的图层"图片 拷贝"。

STEP 3 按 Ctrl+T 组合键，图像周围出现变换框，在变换框中单击鼠标右键，在弹出的菜单中选择"垂直翻转"命令，翻转图像，调整其大小和位置，按 Enter 键确定操作，效果如图 8-3 所示。单击"图层"控制面板下方的"添加图层蒙版"按钮 ◻，为图层添加蒙版，如图 8-4 所示。

图 8-2　　　　　　　　　图 8-3　　　　　　　　　图 8-4

STEP 4 将前景色设置为黑色。选择"画笔"工具 ，在属性栏中单击"画笔"选项右侧的按钮 ，弹出画笔选择面板，选择需要的画笔形状，选项的设置如图 8-5 所示。在图像窗口中拖曳鼠标擦除不需要的图像，效果如图 8-6 所示。

图 8-5　　　　　　　　　　　　图 8-6

STEP 5 单击"图层"控制面板下方的"创建新的填充或调整图层"按钮 ，在弹出的菜单中选择"色阶"命令，在"图层"控制面板中生成"色阶 1"图层，同时弹出"色阶"面板，选项的设置如图 8-7 所示。按 Enter 键确定操作，效果如图 8-8 所示。

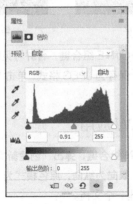

图 8-7　　　　　　　　　　　　图 8-8

STEP 6 单击"图层"控制面板下方的"创建新的填充或调整图层"按钮 ，在弹出的菜单中选择"色相/饱和度"命令，在"图层"控制面板中生成"色相/饱和度 1"图层，同时弹出"色相/饱和度"面板，选项的设置如图8-9所示。按Enter键确定操作，效果如图8-10所示。

图8-9　　　　　　　　　　图8-10

STEP 7 单击"图层"控制面板下方的"创建新的填充或调整图层"按钮 ⚫，在弹出的菜单中选择"色彩平衡"命令，在"图层"控制面板中生成"色彩平衡1"图层，同时弹出"色彩平衡"面板，选项的设置如图8-11所示。按Enter键确定操作，效果如图8-12所示。

STEP 8 选中"色彩平衡1"图层蒙版缩览图。选择"画笔"工具 ✎，在图像窗口中拖曳鼠标擦除不需要的图像，效果如图8-13所示。

图8-11　　　　　　　　图8-12　　　　　　　　图8-13

STEP 9 茶艺海报背景图制作完成。按Shift+Ctrl+E组合键，合并可见图层。按Ctrl+S组合键，弹出"另存为"对话框，将其命名为"茶艺海报背景图"，保存为JPEG格式，单击"保存"按钮，弹出"JPEG选项"对话框，单击"确定"按钮，保存图像。

8.1.2　导入并编辑宣传语　CorelDRAW 应用

STEP 1 打开CorelDRAW X8软件，按Ctrl+N组合键，弹出"创建新文档"对话框，设置文档的宽度为210毫米，高度为285毫米，取向为纵向，原色模式为CMYK，渲染分辨率为300像素/英寸，单击"确定"按钮，创建一个文档。

STEP 2 按Ctrl+I组合键，弹出"导入"对话框，选择资源包中的"Ch08 > 效果 > 茶艺海报设计 > 茶艺海报背景图.cdr"文件，单击"导入"按钮，在页面中单击导入图片，如图8-14所示。按P键，图片在页面中居中对齐，效果如图8-15所示。

茶艺海报设计2

图 8-14　　　　　　　　　图 8-15

STEP ⌄3] 选择"矩形"工具▢，在页面中适当的位置绘制一个矩形，如图 8-16 所示。设置轮廓线颜色为白色，并在属性栏的"轮廓宽度"框 ✎ ⟦0.2 mm⟧▾ 中设置数值为 2.5mm，按 Enter 键，效果如图 8-17 所示。按 Ctrl+Q 组合键，将图形转换为曲线。

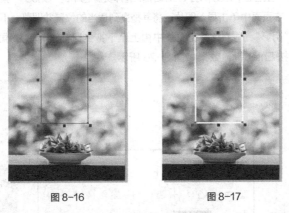

图 8-16　　　　　　　　　图 8-17

STEP ⌄4] 选择"形状"工具〈·，在适当的位置分别双击鼠标左键添加节点，如图 8-18 所示。选取中间的线段，按 Delete 键将其删除，效果如图 8-19 所示。使用相同的方法分别添加其他节点，并删除相应的线段，效果如图 8-20 所示。

图 8-18　　　　　图 8-19　　　　　图 8-20

STEP ⌄5] 选择"选择"工具 ▸，选取白色图形，按数字键盘上的+键，复制图形。向右下方拖曳复制的图形到适当的位置，效果如图 8-21 所示。

STEP 6 选择"透明度"工具 ，在属性栏中单击"均匀透明度"按钮 ，其他选项的设置如图8-22所示。按Enter键，效果如图8-23所示。

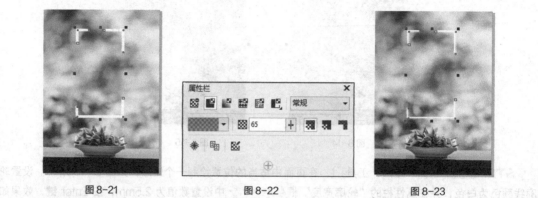

图8-21	图8-22	图8-23

STEP 7 按Ctrl+I组合键，弹出"导入"对话框，选择资源包中的"Ch08 > 素材 > 茶艺海报设计 > 02"文件，单击"导入"按钮，在页面中单击导入图片，将其拖曳到适当的位置并调整大小，效果如图8-24所示。

STEP 8 选择"阴影"工具 ，在图片中由上至下拖曳鼠标，为图片添加阴影效果，在属性栏中的设置如图8-25所示。按Enter键，效果如图8-26所示。

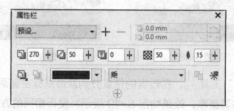

图8-24	图8-25	图8-26

STEP 9 选择"文本"工具 字，在适当的位置分别输入需要的文字，选择"选择"工具 ，在属性栏中分别选取适当的字体并设置文字大小，效果如图8-27所示。选取文字"茶"，按Ctrl+Q组合键，将文字转化为曲线，如图8-28所示。

图8-27	图8-28

STEP 10 选择"形状"工具，用圈选的方法选取需要的节点，如图 8-29 所示。向右拖曳节点到适当的位置，效果如图 8-30 所示。

　　　　图 8-29　　　　　　　　　　　　　图 8-30

STEP 11 用相同方法调整其他节点的位置，效果如图 8-31 所示。选择"文本"工具**字**，在页面中适当的位置输入需要的文字，选择"选择"工具，在属性栏中选取适当的字体并设置文字大小。单击"将文本更改为垂直方向"按钮，更改文字方向，效果如图 8-32 所示。

　　　　图 8-31　　　　　　　　　　　　　图 8-32

8.1.3　制作展览的标志图形

STEP 1 选择"椭圆形"工具，按住 Ctrl 键，在页面外绘制一个圆形，填充圆形为黑色，并去除圆形的轮廓线，效果如图 8-33 所示。

STEP 2 选择"矩形"工具，在圆形的下方绘制一个矩形，填充图形为黑色，并去除图形的轮廓线，效果如图 8-34 所示。选择"选择"工具，用圈选的方法同时选取圆形和矩形，按 C 键，进行垂直居中对齐。

茶艺海报设计 3

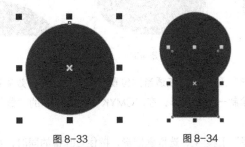

　　　　图 8-33　　　　　　　　　图 8-34

STEP 3 选择"椭圆形"工具，在矩形的下方绘制一个椭圆形，填充图形为黑色，并去除图形的轮廓线，效果如图8-35所示。

STEP↯4 选择"选择"工具 ▶，用圈选的方法同时选取3个图形，按C键，进行垂直居中对齐。单击属性栏中的"合并"按钮 🔃，将选取的图形合并为一个图形，效果如图8-36所示。

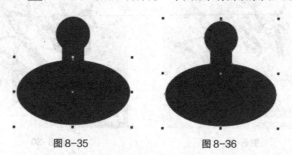

图8-35   图8-36

STEP↯5 选择"椭圆形"工具 ◯，在适当的位置绘制一个椭圆形，填充椭圆形为黄色，并去除椭圆形的轮廓线，效果如图8-37所示。选择"选择"工具 ▶，选取椭圆形，按住Ctrl键的同时，水平向右拖曳图形，并在适当的位置单击鼠标右键，复制一个图形，效果如图8-38所示。

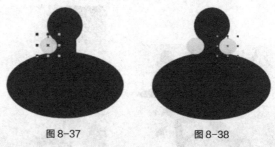

图8-37   图8-38

STEP↯6 选择"选择"工具 ▶，用圈选的方法同时选取绘制的图形，单击属性栏中的"移除前面对象"按钮 🔃，将3个图形剪切为一个图形，效果如图8-39所示。

STEP↯7 选择"矩形"工具 ▢，在椭圆形的上方绘制一个矩形，效果如图8-40所示。选择"选择"工具 ▶，用圈选的方法同时选取修剪后的图形和矩形，单击属性栏中的"移除前面对象"按钮 🔃，将两个图形剪切为一个图形，效果如图8-41所示。

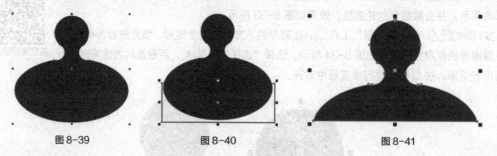

图8-39   图8-40   图8-41

STEP↯8 选择"矩形"工具 ▢，在适当的位置绘制一个矩形，效果如图8-42所示。选择"椭圆形"工具 ◯，在矩形的左侧绘制一个椭圆形，在"CMYK调色板"中的"黄"色块上单击鼠标右键，填充轮廓线，效果如图8-43所示。

STEP↯9 选择"选择"工具 ▶，选取椭圆形，按住Ctrl键的同时，水平向右拖曳图形，并在适当的位置单击鼠标右键，复制一个图形，效果如图8-44所示。

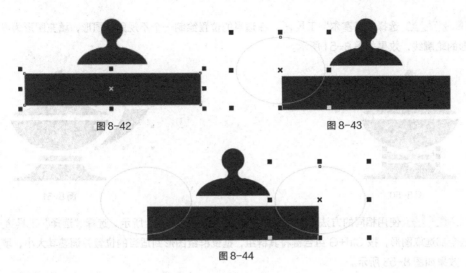

图 8-42   图 8-43

图 8-44

STEP 10 选择"选择"工具 ，按住 Shift 键的同时，依次单击矩形和两个椭圆形，将其同时选取，单击属性栏中的"移除前面对象"按钮 ，将 3 个图形剪切为一个图形，效果如图 8-45 所示。按住 Ctrl 键，垂直向下拖曳图形，并在适当的位置单击鼠标右键复制一个图形，效果如图 8-46 所示。

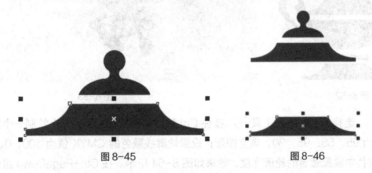

图 8-45   图 8-46

STEP 11 选择"椭圆形"工具 ，在适当的位置绘制一个椭圆形，填充图形为黑色，并去除轮廓线，效果如图 8-47 所示。选择"矩形"工具 ，在椭圆形的上面绘制一个矩形，效果如图 8-48 所示。使用相同的方法制作出图 8-49 所示的效果。

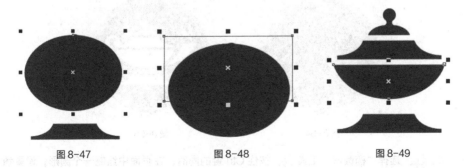

图 8-47   图 8-48   图 8-49

STEP 12 选择"矩形"工具 ，在半圆形的下方绘制一个矩形，填充矩形为黑色，并去除图形的轮廓线，效果如图 8-50 所示。选择"选择"工具 ，用圈选的方法全部选取图形，按 C 键，进行垂直居中对齐。

STEP 13 选择"贝塞尔"工具，在适当的位置绘制一个不规则的图形，填充图形为黑色，并去除图形的轮廓线，效果如图 8-51 所示。

图 8-50

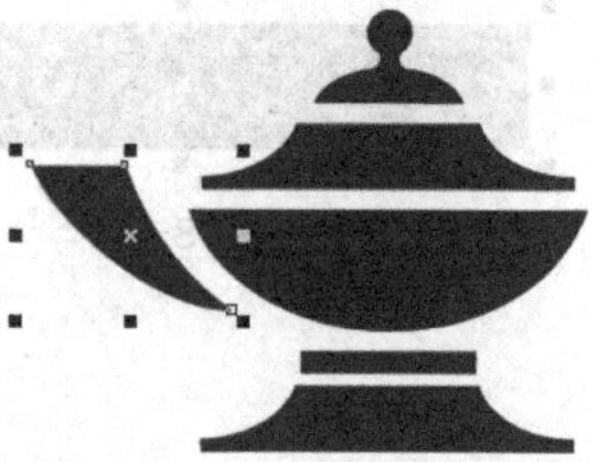

图 8-51

STEP 14 使用相同的方法绘制出其他图形，效果如图 8-52 所示。选择"选择"工具，用圈选的方法全部选取图形，按 Ctrl+G 组合键将其群组，拖曳群组图形到适当的位置并调整其大小，填充图形为白色，效果如图 8-53 所示。

图 8-52

图 8-53

STEP 15 选择"椭圆形"工具，按住 Ctrl 键的同时，在茶壶图形上绘制一个圆形，设置图形颜色的 CMYK 值为 95、55、95、30，填充图形；设置轮廓线颜色的 CMYK 值为 100、0、100、0，填充轮廓线，并在属性栏中设置适当的轮廓宽度，效果如图 8-54 所示。按 Ctrl+PageDown 组合键，将其置后一位。选择"选择"工具，按住 Shift 键的同时，依次单击茶壶图形和圆形将其同时选取，按 C 键，进行垂直居中对齐，如图 8-55 所示。

图 8-54

图 8-55

STEP 16 选择"椭圆形"工具，按住 Ctrl 键的同时，在页面中绘制一个圆形，设置填充轮廓线颜色的 CMYK 值为 40、0、100、0，在属性栏中设置适当的宽度，效果如图 8-56 所示。

STEP 17 选择"文本"工具，在页面中输入需要的文字。选择"选择"工具，在属性栏中选择合适的字体并设置文字大小，效果如图 8-57 所示。

图 8-56　　　　　　　　　　　图 8-57

STEP 18 保持文字的选取状态。选择"文本 > 使文本适合路径"命令，将鼠标置于圆形轮廓线上方并单击，如图 8-58 所示。文本自动绕路径排列，效果如图 8-59 所示。在属性栏中进行设置，如图 8-60 所示。按 Enter 键，效果如图 8-61 所示。

STEP 19 选择"文本"工具<kbd>字</kbd>，在页面中输入需要的英文。选择"选择"工具<kbd>↖</kbd>，在属性栏中选择合适的字体并设置文字大小，如图 8-62 所示。

图 8-58　　　　　　　　　　　图 8-59

图 8-60　　　　　　图 8-61　　　　　　图 8-62

STEP 20 选择"文本 > 使文本适合路径"命令，将鼠标置于圆形轮廓线下方单击，如图 8-63 所示。文本自动绕路径排列，效果如图 8-64 所示。

图 8-63　　　　　　　　　　　图 8-64

STEP 21 在属性栏中单击"水平镜像文本"按钮 🔠 和"垂直镜像文本"按钮 🔠，其他选项的设置如图8-65所示。按Enter键，效果如图8-66所示。

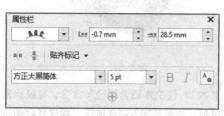

图8-65 图8-66

8.1.4 添加展览日期及相关信息

STEP 1 选择"文本"工具 字，在页面中输入需要的文字。选择"选择"工具 ▶，在属性栏中选择合适的字体并设置文字大小，效果如图8-67所示。

STEP 2 按Ctrl+T组合键，弹出"文本属性"泊坞窗，单击"段落"按钮 ▤，切换到相应的泊坞窗，选项的设置如图8-68所示。按Enter键，效果如图8-69所示。

茶艺海报设计4

图8-67 图8-68 图8-69

STEP 3 选择"文本 > 插入字符"命令，弹出"插入字符"泊坞窗，在泊坞窗中按需要进行设置并选择需要的字符，如图8-70所示。将字符拖曳到页面中适当的位置并调整其大小，效果如图8-71所示。

图8-70 图8-71

STEP 4 选取字符，设置字符颜色的 CMYK 值为 95、35、95、30，填充字符，效果如图 8-72 所示。用相同的方法制作出另一个字符图形，效果如图 8-73 所示。

图 8-72   图 8-73

STEP 5 选择"文本"工具 **字**，在适当的位置分别输入需要的文字，选择"选择"工具 ↖，在属性栏中分别选取适当的字体并设置文字大小，填充文字为白色，效果如图 8-74 所示。茶艺海报制作完成，效果如图 8-75 所示。

图 8-74   图 8-75

STEP 6 按 Ctrl+S 组合键，弹出"保存绘图"对话框，将制作好的图像命名为"茶艺海报"，保存为 CDR 格式，单击"保存"按钮，保存图像。

8.2 公益环保海报设计

⊕ 案例学习目标

在 Photoshop 中，学习使用"移动"工具、"图层控制"面板、"画笔"工具和"添加图层样式"按钮制作背景效果；在 CorelDRAW 中，学习使用"导入"命令、"文本"工具、"文本属性"泊坞窗、"PowerClip"命令、"绘图"工具和"轮廓笔"工具添加标题及宣传性文字。

⊕ 案例知识要点

在 Photoshop 中，使用"移动"工具添加素材图片，使用"添加图层蒙版"按钮、"画笔"工具制作图片融洽效果，使用"投影"命令为气球图片添加阴影效果；在CorelDRAW中，使用"文本"工具、"轮廓笔"工具、"导入"命令和"置于图文框内部"命令添加并编辑标题文字，使用"文本"工具、"文本属性"泊坞窗添加宣传性文字，使用"椭圆形"工具、"手绘"工具绘制装饰圆形和线条。公益环保海报设计效果如图8-76所示。

🔍⊕ 效果所在位置

资源包 > Ch08 > 效果 > 公益环保海报设计 > 公益环保海报.cdr。

图8-76

8.2.1 制作背景效果 Photoshop 应用

STEP↘1 打开 Photoshop CS6 软件，按 Ctrl+O 组合键，打开资源包中的"Ch08 > 素材 > 公益环保海报设计 > 01、02"文件，如图8-77所示。选择"移动"工具 ⊕，将"02"天空图片拖曳到"01"图像窗口中适当的位置，效果如图 8-78 所示。在"图层"控制面板中生成新的图层并将其命名为"天空"。

公益环保海报设计1

图8-77　　　　　　　　　　　图8-78

STEP↘2 单击"图层"控制面板下方的"添加图层蒙版"按钮 ▢，为"天空"图层添加图层蒙版，如图8-79所示，将前景色设置为白色。选择"画笔"工具 ✐，在属性栏中单击"画笔预设"选项右侧的按钮 ▾，在弹出的画笔面板中选择需要的画笔形状，如图8-80所示。在属性栏中将"不透明度"选项设置为80%，在图像窗口中进行涂抹，擦除不需要的部分，效果如图8-81所示。

STEP↘3 按 Ctrl+O 组合键，打开资源包中的"Ch08 > 素材 > 公益环保海报设计 > 03~06"文件，选择"移动"工具 ，分别将图片拖曳到图像窗口中适当的位置，效果如图 8-82 所示。在"图层"控制面板中生成新的图层并将其命名为"草地""人物""热气球 1""热气球 2"，如图 8-83 所示。

图 8-79   图 8-80   图 8-81

图 8-82   图 8-83

STEP 4 选中"人物"图层。单击"图层"控制面板下方的"添加图层样式"按钮 fx ，在弹出的"图层样式"对话框中选择"投影"命令，在弹出的窗口中进行设置，如图 8-84 所示。单击"确定"按钮，效果如图 8-85 所示。

STEP 5 选择"矩形"工具 □ ，在属性栏中将"填充"颜色设置为无，"描边"颜色设置为白色，"描边宽度"选项设置为 3 点，在图像窗口中绘制一个矩形，效果如图 8-86 所示。在"图层"控制面板中生成新的形状图层"矩形 1"。

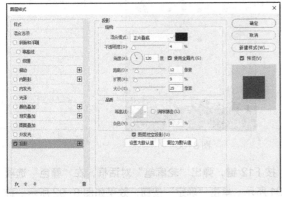

图 8-84   图 8-85   图 8-86

STEP 6 按 Shift+Ctrl+E 组合键，合并可见图层。按 Ctrl+S 组合键，弹出"另存为"对话框，将其命名为"公益环保海报底图"，保存为 JPEG 格式，单击"保存"按钮，弹出"JPEG 选项"对话框，单击"确定"按钮，保存图像。

8.2.2　添加并编辑标题文字　CorelDRAW 应用

STEP 1 打开 CorelDRAW X8 软件，按 Ctrl+N 组合键，弹出"创建新文档"对话框，设置文档的宽度为 210 毫米，高度为 285 毫米，取向为纵向，原色模式为 CMYK，渲染分辨率为 300 像素/英寸，单击"确定"按钮，创建一个文档。选择"视图 > 页 > 出血"命令，显示出血线。

公益环保海报设计 2

STEP 2 按 Ctrl+I 组合键，弹出"导入"对话框，选择资源包中的"Ch08 > 效果 > 公益环保海报设计 > 公益环保广告底图.jpg"文件，单击"导入"按钮，在页面中单击导入图片，如图 8-87 所示。按 P 键，图片在页面中居中对齐，效果如图 8-88 所示。

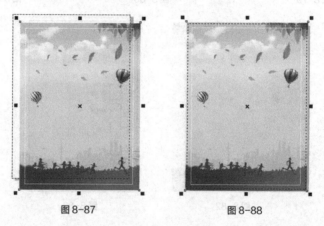

图 8-87　　　　　　　　图 8-88

STEP 3 选择"文本"工具 字，在页面中输入需要的文字。选择"选择"工具 ，在属性栏中分别选择合适的字体并设置文字大小，单击"将文本更改为垂直方向"按钮 ，效果如图 8-89 所示。在"CMYK 调色板"中的"30%黑"色块上单击，填充文字，效果如图 8-90 所示。

图 8-89　　　　　　　　

图 8-90

STEP 4 按数字键盘上的+键，复制文字。按 F12 键，弹出"轮廓笔"对话框，在"颜色"选项中设置轮廓线颜色为白色，其他选项的设置如图 8-91 所示。单击"确定"按钮，效果如图 8-92 所示。选择"选择"工具 ⬥，微调文字到适当的位置，并去除文字的填充颜色，效果如图 8-93 所示。

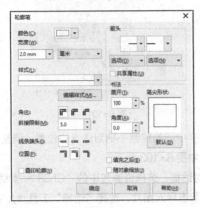

图 8-91 　　　　　　　　　　图 8-92 　　　　　　　图 8-93

STEP⤴5 按数字键盘上的+键，复制文字。填充文字为黑色，并去除文字的轮廓线，效果如图 8-94 所示。按 Ctrl+I 组合键，弹出"导入"对话框，选择资源包中的"Ch08 > 素材 > 公益环保海报设计 > 07"文件，单击"导入"按钮，在页面中单击导入图片，选择"选择"工具 ⬥，拖曳图片到适当的位置并调整大小，效果如图 8-95 所示。按 Ctrl+PageDown 组合键，将图片后移一层，效果如图 8-96 所示。

图 8-94 　　　　　　　　　　图 8-95 　　　　　　　图 8-96

STEP⤴6 选择"对象 > PowerClip > 置于图文框内部"命令，光标变为黑色箭头形状，在文字上单击鼠标左键，如图 8-97 所示。将图片置入文字中，效果如图 8-98 所示。

STEP⤴7 用相同的方法制作其他文字，效果如图 8-99 所示。

图 8-97 　　　　　　　　　　图 8-98 　　　　　　　图 8-99

STEP⤴8 选择"文本"工具 字，在适当的位置输入需要的文字。选择"选择"工具 ⬥，在属性栏中分别选择合适的字体并设置文字大小，效果如图 8-100 所示。设置文字颜色的 CMYK 值为 89、47、100、10，填充文字，效果如图 8-101 所示。

图 8-100　　　　　　　　　　　　　　　　　　图 8-101

STEP 9 选择"选择"工具 ，向下拖曳文字中间的控制手柄到适当的位置，调整大小，效果如图 8-102 所示。用相同的方法输入左侧的文字，效果如图 8-103 所示。

STEP 10 按 Ctrl+I 组合键，弹出"导入"对话框，选择资源包中的"Ch08 > 素材 > 公益环保海报设计 > 08"文件，单击"导入"按钮，在页面中单击导入图片，选择"选择"工具 ，拖曳图片到适当的位置并调整其大小，效果如图 8-104 所示。

图 8-102　　　　　　　　　　图 8-103　　　　　　　　　　图 8-104

STEP 11 选择"矩形"工具 ，在适当的位置绘制一个矩形，效果如图 8-105 所示。按 F12键，弹出"轮廓笔"对话框，在"颜色"选项中设置轮廓线颜色的 CMYK 值为 89、47、100、10，其他选项的设置如图 8-106 所示。单击"确定"按钮，效果如图 8-107 所示。

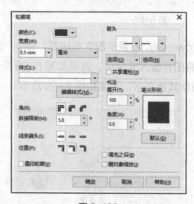

图 8-105　　　　　　　　　　图 8-106　　　　　　　　　　图 8-107

8.2.3　添加宣传性文字

STEP 1 选择"文本"工具 ，在适当的位置输入需要的文字。选择"选择"工具 ，在属性栏中分别选择合适的字体并设置文字大小，单击"将文本更改为水平方向"按钮 ，效果如图 8-108 所示。设置文字颜色的 CMYK 值为 67、0、100、0，填充文字，效果如图 8-109 所示。

公益环保海报设计 3

图 8-108

图 8-109

STEP 2 选择"手绘"工具 ，按住 Ctrl 键的同时，在适当的位置绘制一条直线，效果如图 8-110 所示。按 F12 键，弹出"轮廓笔"对话框，在"颜色"选项中设置轮廓线颜色的 CMYK 值为 67、0、100、0，其他选项的设置如图 8-111 所示。单击"确定"按钮，效果如图 8-112 所示。

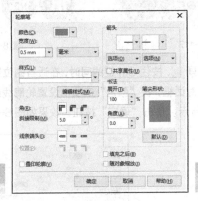

图 8-110

图 8-111

图 8-112

STEP 3 按数字键盘上的+键，复制直线。选择"选择"工具 ，按住 Shift 键的同时，水平向右拖曳复制的直线到适当的位置，效果如图 8-113 所示。

STEP 4 选择"椭圆形"工具 ，按住 Ctrl 键的同时，在适当的位置绘制一个圆形，设置图形颜色的 CMYK 值为 89、47、100、10，填充图形，并去除图形的轮廓线，效果如图 8-114 所示。

图 8-113

图 8-114

STEP 5 按数字键盘上的+键，复制圆形。选择"选择"工具 ，按住 Shift 键的同时，水平向右拖曳复制的圆形到适当的位置，效果如图8-115所示。按住Ctrl键的同时，再连续点按D键，按需要复制出多个圆形，效果如图8-116所示。

图8-115　　　　　　　　　　　　图8-116

STEP 6 选择"文本"工具字，在适当的位置输入需要的文字。选择"选择"工具，在属性栏中选取适当的字体并设置文字大小，填充文字为白色，效果如图8-117所示。

STEP 7 选择"形状"工具，向右拖曳文字下方的 ‖‖ 图标，调整文字的间距，效果如图8-118所示。

图8-117　　　　　　　　　　　　图8-118

STEP 8 选择"手绘"工具，按住Ctrl键的同时，在适当的位置绘制一条直线，效果如图8-119所示。按F12键，弹出"轮廓笔"对话框，在"颜色"选项中设置轮廓线颜色的CMYK值为89、47、100、10，其他选项的设置如图8-120所示。单击"确定"按钮，效果如图8-121所示。

 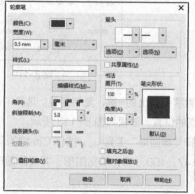 

图8-119　　　　　　　　　　图8-120　　　　　　　　　　图8-121

STEP 9 按数字键盘上的+键，复制直线。选择"选择"工具，按住Shift键的同时，水平向右拖曳复制的直线到适当的位置，效果如图8-122所示。

图8-122

STEP 10 选择"文本"工具字，在适当的位置拖曳出一个文本框，如图8-123所示。在文本框中输入需要的文字，选择"选择"工具，在属性栏中选取适当的字体并设置文字大小，效果如图8-124所示。

图 8-123

图 8-124

STEP 11 选择"文本 > 文本属性"命令,在弹出的"文本属性"泊坞窗中进行设置,如图 8-125 所示。按 Enter 键,效果如图 8-126 所示。设置文字颜色的 CMYK 值为 89、47、100、10,填充文字,效果如图 8-127 所示。

图 8-125

图 8-126

图 8-127

STEP 12 选择"文本"工具**字**,在适当的位置输入需要的文字(如"爱护环境/绿色环保/保护好我们共同的家")。选择"选择"工具**↖**,在属性栏中选取适当的字体并设置文字大小,填充文字为白色,效果如图 8-128 所示。

STEP 13 选择"形状"工具**⬚**,向右拖曳文字下方的**⫼**图标,调整文字的间距,效果如图 8-129 所示。公益环保海报制作完成,效果如图 8-130 所示。

图 8-128

图 8-129

图 8-130

STEP 14 按 Ctrl+S 组合键,弹出"保存绘图"对话框,将制作好的图像命名为"公益环保海报",保存为 CDR 格式,单击"保存"按钮,保存图像。

8.3 课后习题——星光百货庆典海报设计

习题知识要点

在 Photoshop 中,使用"移动"工具添加素材图片,使用"矩形"工具、"图层的混合模式"选项、"不透明度"选项合成海报背景；在 CorelDRAW 中，使用"矩形"工具、"转换为曲线"按钮、"形状"工具、"渐变填充"对话框和"文本"工具制作周年庆效果，使用"椭圆形"工具、"星形"工具、"移除前面对象"按钮和"文本"工具制作标志。效果如图 8-131 所示。

🔍 效果所在位置

资源包 > Ch08 > 效果 > 星光百货庆典海报设计 > 星光百货庆典海报.cdr。

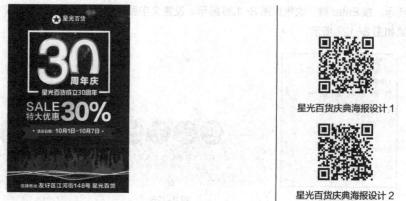

图 8-131

星光百货庆典海报设计 1

星光百货庆典海报设计 2

Chapter

9

第 9 章
画册设计

画册可以起到有效宣传企业或产品的作用，能够提高企业和产品的知名度。本章通过时尚家装画册的封面及内页设计流程，介绍如何把握整体风格，设定设计细节，并详细地讲解相关的制作方法和技巧。

课堂学习目标

- 掌握画册的设计思路和过程

- 掌握画册的制作方法和技巧

9.1 时尚家装画册封面设计

在 Photoshop 中，学习使用"移动"工具、"创建新的填充或调整图层"按钮制作时尚家装画册封面底图；在 CorelDRAW 中，学习使用"矩形"工具、"转角半径"选项、"合并"按钮、"文本"工具和"文本属性"泊坞窗添加封面名称及内容文字。

在 Photoshop 中，使用"移动"工具添加素材图片，使用"照片滤镜"命令、"色阶"命令、"色相/饱和度"命令调整图片颜色；在 CorelDRAW 中，使用"导入"命令、"矩形"工具和"置于图文框内部"命令制作 PowerClip 效果，使用"矩形"工具、"倒棱角"按钮、"转角半径"选项、"文本"工具和"合并"按钮制作封面名称，使用"文本"工具、"文本属性"泊坞窗和"填充"工具添加其他相关信息，使用"2点线"工具、"轮廓笔"工具绘制装饰线条。时尚家装画册封面设计效果如图 9-1 所示。

资源包 >Ch09> 效果 > 时尚家装画册封面设计 > 时尚家装画册封面.cdr。

图9-1

9.1.1 处理背景图片 `Photoshop 应用`

STEP 1 打开 Photoshop CC 2019 软件，按 Ctrl+N 组合键，弹出"新建文档"对话框，设置宽度为 40 厘米，高度为 25 厘米，分辨率为 150 像素/英寸，颜色模式为 RGB，背景内容为白色，单击"创建"按钮，新建一个文档。

STEP 2 按 Ctrl+O 组合键，打开资源包中的"Ch09 > 素材 > 时尚家装画册封面设计 >01"文件。选择"移动"工具 ➕，将图片拖曳到新建图像窗口中适当的位置，效果如图 9-2 所示。在"图层"控制面板中生成新的图层并将其命名为"图片"，如图 9-3 所示。

时尚家装画册
封面设计1

STEP 3 单击"图层"控制面板下方的"创建新的填充或调整图层"按钮 ◑，在弹出的菜单中选择"照片滤镜"命令，在"图层"控制面板中生成"照片滤镜 1"图层，同时弹出"照片滤镜"面板，选项的设置如图 9-4 所示。按 Enter 键确定操作，效果如图 9-5 所示。

图 9-2　　　　　　　　　　　　　　　　　图 9-3

图 9-4　　　　　　　　　　　　　　　　　图 9-5

STEP 4 单击"图层"控制面板下方的"创建新的填充或调整图层"按钮 ，在弹出的菜单中选择"色阶"命令，在"图层"控制面板中生成"色阶 1"图层，同时弹出"色阶"面板，选项的设置如图 9-6 所示，按 Enter 键确定操作，效果如图 9-7 所示。

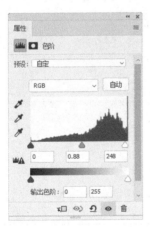

图 9-6　　　　　　　　　　　　　　　　　图 9-7

STEP 5 单击"图层"控制面板下方的"创建新的填充或调整图层"按钮 ，在弹出的菜单中选择"色相/饱和度"命令，在"图层"控制面板中生成"色相/饱和度 1"图层，同时弹出"色相/饱和度"面板。选项的设置如图 9-8 所示，按 Enter 键确定操作，效果如图 9-9 所示。

STEP 6 时尚家装画册封面底图制作完成。按 Shift+Ctrl+E 组合键，合并可见图层。按 Ctrl+S 组合键，弹出"另存为"对话框，将其命名为"时尚家装画册封面底图"，保存为 JPEG 格式，单击"保存"按钮，弹出"JPEG 选项"对话框，单击"确定"按钮，保存图像。

图 9-8   图 9-9

9.1.2　制作画册封面名称　CorelDRAW 应用

STEP 1 打开 CorelDRAW X8 软件，按 Ctrl+N 组合键，弹出"创建新文档"对话框，设置文档的宽度为 500 毫米，高度为 250 毫米，取向为横向，原色模式为 CMYK，渲染分辨率为 300 像素/英寸，单击"确定"按钮，创建一个文档。

STEP 2 按 Ctrl+J 组合键，弹出"选项"对话框，选择"文档/页面尺寸"选项，在出血框中设置数值为 3.0，勾选"显示出血区域"复选框，如图 9-10 所示。单击"确定"按钮，页面效果如图 9-11 所示。

时尚家装画册
封面设计 2

图 9-10   图 9-11

STEP 3 选择"视图 > 标尺"命令，在视图中显示标尺。选择"选择"工具，在左侧标尺中拖曳一条垂直辅助线，在属性栏中将"X 位置"选项设置为 250mm，按 Enter 键，如图 9-12 所示。

STEP 4 选择"矩形"工具，在页面中绘制一个矩形，在"CMYK 调色板"中的"10%黑"色块上单击，填充图形，并去除图形的轮廓线，效果如图 9-13 所示。

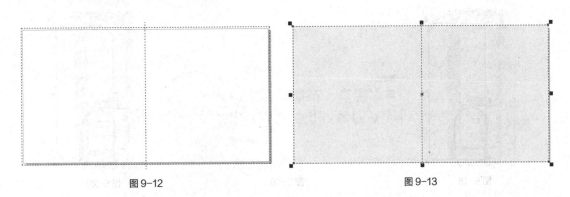

图 9-12   图 9-13

STEP 5 按 Ctrl+I 组合键，弹出"导入"对话框，选择资源包中的"Ch09 > 效果 > 时尚家装画册封面设计 > 时尚家装画册封面底图.jpg"文件，单击"导入"按钮，在页面中单击导入图片，选择"选择"工具 ，拖曳图片到适当的位置并调整其大小，效果如图 9-14 所示。选择"矩形"工具 ，在适当的位置绘制一个矩形，效果如图 9-15 所示。

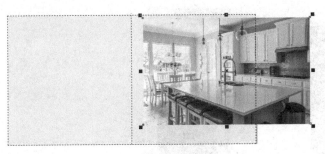

图 9-14   图 9-15

STEP 6 选择"选择"工具 ，选取下方图片，选择"对象 > PowerClip > 置于图文框内部"命令，光标变为黑色箭头形状，在矩形框上单击鼠标左键，如图 9-16 所示。将图片置入矩形框中，并去除图形的轮廓线，效果如图 9-17 所示。

图 9-16   图 9-17

STEP 7 选择"矩形"工具 ，在适当的位置绘制一个矩形，如图 9-18 所示。在属性栏中单击"倒棱角"按钮 ，将"转角半径"选项设置为 6.0mm 和 0.0mm，如图 9-19 所示。按 Enter 键，效果如图 9-20 所示。

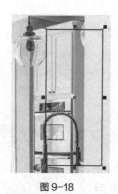
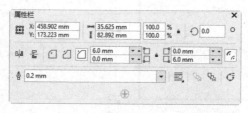
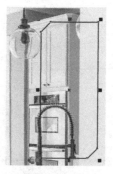

图9-18　　　　　　　　　　　图9-19　　　　　　　　　　　　　图9-20

STEP 8 保持图形选取状态。设置图形颜色的 CMYK 值为 60、69、74、20，填充图形，并去除图形的轮廓线，效果如图 9-21 所示。

STEP 9 选择"文本"工具 字，在适当的位置分别输入需要的文字。选择"选择"工具 ，在属性栏中分别选择合适的字体并设置文字大小，单击"将文本更改为垂直方向"按钮，效果如图 9-22 所示。

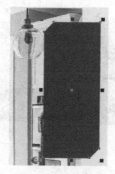

图9-21　　　　　　　　　　　　　图9-22

STEP 10 选取文字"时尚家装"，选择"文本 > 文本属性"命令，在弹出的"文本属性"泊坞窗中进行设置，如图9-23 所示。按 Enter 键，效果如图9-24 所示。

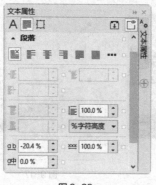

图9-23　　　　　　　　　　　　　图9-24

STEP 11 选取文字"点亮您的新家"，在"文本属性"泊坞窗中进行设置，如图9-25 所示。按 Enter 键，效果如图9-26 所示。

图 9-25　　　　　　　　　　图 9-26

STEP 12 选取文字 "FASHION"，在 "文本属性" 泊坞窗中进行设置，如图 9-27 所示。按 Enter 键，效果如图 9-28 所示。

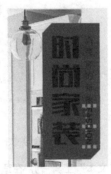

图 9-27　　　　　　　　　　图 9-28

STEP 13 选择 "选择" 工具 ，用圈选的方法同时选取文字和图形，如图 9-29 所示。单击属性栏中的 "合并" 按钮 ，合并图形和文字，效果如图 9-30 所示。

图 9-29　　　　　　　　　　图 9-30

9.1.3　添加其他相关信息

STEP 1 选择 "文本" 工具 字，在适当的位置输入需要的文字。选择 "选择" 工具 ，在属性栏中选择合适的字体并设置文字大小，效果如图 9-31 所示。设置文字颜色的 CMYK 值为 60、69、74、20，填充文字，效果如图 9-32 所示。

时尚家装画册
封面设计 3

图 9-31

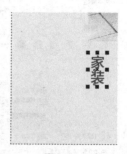
图 9-32

STEP 2 在"文本属性"泊坞窗中进行设置，如图 9-33 所示。按 Enter 键，效果如图 9-34 所示。

图 9-33

图 9-34

STEP 3 选择"文本"工具 **字**，在适当的位置拖曳出一个文本框，如图 9-35 所示。在文本框中输入需要的文字，选择"选择"工具 ，在属性栏中选取适当的字体并设置文字大小，单击"将文本更改为水平方向"按钮 ，效果如图 9-36 所示。设置文字颜色的 CMYK 值为 60、69、74、20，填充文字，效果如图 9-37 所示。

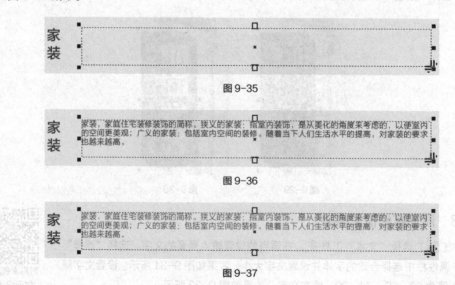

家装

图 9-35

家装 家装：家庭住宅装修装饰的简称。狭义的家装：指室内装饰，是从美化的角度来考虑的，以使室内的空间更美观；广义的家装：包括室内空间的装修。随着当下人们生活水平的提高，对家装的要求也越来越高。

图 9-36

家装 家装：家庭住宅装修装饰的简称。狭义的家装：指室内装饰，是从美化的角度来考虑的，以使室内的空间更美观；广义的家装：包括室内空间的装修。随着当下人们生活水平的提高，对家装的要求也越来越高。

图 9-37

STEP 4 在"文本属性"泊坞窗中进行设置，如图 9-38 所示。按 Enter 键。效果如图 9-39 所示。

图 9-38	图 9-39

STEP 5 选择"2 点线"工具，按住 Ctrl 键的同时，在适当的位置绘制一条竖线，如图 9-40 所示。按 F12 键，弹出"轮廓笔"对话框，在"颜色"选项中设置轮廓线颜色的 CMYK 值为 60、69、74、20，其他选项的设置如图 9-41 所示。单击"确定"按钮，效果如图 9-42 所示。

图 9-40　　　　　　　图 9-41　　　　　　　图 9-42

STEP 6 按 Ctrl+I 组合键，弹出"导入"对话框，选择资源包中的"Ch09 > 素材 > 时尚家装画册封面设计 > 02"文件，单击"导入"按钮，在页面中单击导入图片，选择"选择"工具，拖曳图片到适当的位置并调整其大小，效果如图 9-43 所示。选择"椭圆形"工具，按住 Ctrl 键的同时，在适当的位置绘制一个圆形，如图 9-44 所示。

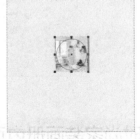

图 9-43　　　　　　　图 9-44

STEP 7 选择"选择"工具，选取下方图片，选择"对象 > PowerClip > 置于图文框内部"命令，光标变为黑色箭头形状，在圆形上单击鼠标左键，如图 9-45 所示。将图片置入圆形中，并去除图形的轮廓线，效果如图 9-46 所示。

 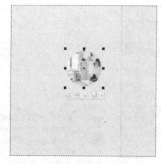

图9-45　　　　　　　　　图9-46

STEP 8 选择"文本"工具 字，在适当的位置输入需要的文字。选择"选择"工具 ，在属性栏中选择合适的字体并设置文字大小，效果如图9-47所示。设置文字颜色的CMYK值为60、69、74、20，填充文字，效果如图9-48所示。

图9-47　　　　　　　　　图9-48

STEP 9 时尚家装画册封面制作完成，如图9-49所示。按Ctrl+S组合键，弹出"保存图形"对话框，将制作好的图像命名为"时尚家装画册封面"，保存为CDR格式，单击"保存"按钮，保存图像。

图9-49

9.2 时尚家装画册内页1设计

案例学习目标

在CorelDRAW中，学习使用"导入"命令添加家具图片，使用"矩形"工具、"透明度"工具绘制装饰图形，使用"文本"工具、"文本属性"泊坞窗添加画册内页信息。

CorelDRAW X8

案例知识要点

在 CorelDRAW 中，使用"导入"命令、"矩形"工具和"置于图文框内部"命令制作 PowerClip 效果，使用"矩形"工具、"转换为曲线"命令、"形状"工具和"填充"工具绘制装饰图形，使用"透明度"工具为装饰图形添加透明效果，使用"文本"工具、"文本属性"泊坞窗添加标题及内容简介，使用"栏"命令制作文字分栏效果，使用"2点线"工具、"轮廓笔"工具绘制装饰线条。时尚家装画册内页 1 设计效果如图 9-50 所示。

效果所在位置

资源包 > Ch09 > 效果 > 时尚家装画册内页 1 设计.cdr。

图 9-50

9.2.1 制作田园风格简介　CorelDRAW 应用

STEP 1 打开 CorelDRAW X8 软件，按 Ctrl+N 组合键，弹出"创建新文档"对话框，设置文档的宽度为 500 毫米，高度为 250 毫米，取向为横向，原色模式为 CMYK，渲染分辨率为 300 像素/英寸，单击"确定"按钮，创建一个文档。

STEP 2 按 Ctrl+J 组合键，弹出"选项"对话框，选择"文档/页面尺寸"选项，在出血框中设置数值为 3.0，勾选"显示出血区域"复选框，如图 9-51 所示。单击"确定"按钮，页面效果如图 9-52 所示。

时尚家装画册
内页 1 设计 1

图 9-51

图 9-52

STEP 3 选择"视图 > 标尺"命令，在视图中显示标尺。选择"选择"工具 ↖，在左侧标尺中拖曳一条垂直辅助线，在属性栏中将"X 位置"选项设置为 250 mm，按 Enter 键，如图 9-53 所示。

STEP 4 按 Ctrl+I 组合键，弹出"导入"对话框，选择资源包中的"Ch09 > 素 材 > 时尚家装画册内页 1 设计 > 01"文件，单击"导入"按钮，在页面中单击导入图片，选择"选择"工具 ↖，拖曳图片到适当的位置并调整其大小，效果如图 9-54 所示。

图 9-53

图 9-54

STEP 5 选择"矩形"工具 ▢，在页面中绘制一个矩形，效果如图 9-55 所示。选择"选择"工具 ↖，选取下方图片，选择"对象 > PowerClip > 置于图文框内部"命令，光标变为黑色箭头形状，在矩形框上单击，如图 9-56 所示。将图片置入矩形框中，并去除图形的轮廓线，效果如图 9-57 所示。

图 9-55

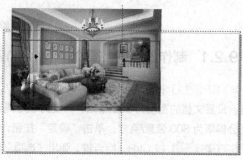

图 9-56

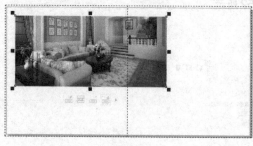

图 9-57

STEP 6 选择"矩形"工具 ▢，在页面中绘制一个矩形，如图 9-58 所示。设置图形颜色的 CMYK 值为 40、0、100、0，填充图形，并去除图形的轮廓线，效果如图 9-59 所示。

STEP 7 按 Ctrl+Q 组合键，将图形转换为曲线。选择"形状"工具 ↖，向下拖曳矩形右上角的节点到适当的位置，效果如图 9-60 所示。用相同的方法调整左下角的节点，效果如图 9-61 所示。

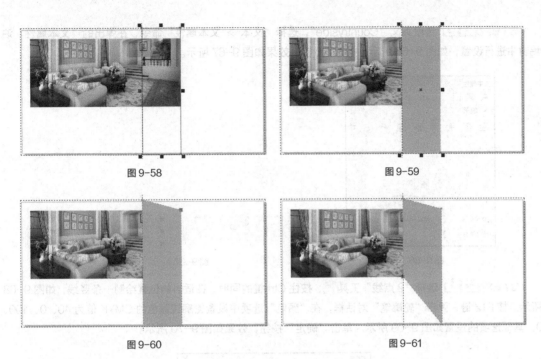

图 9-58 　　　　　　　　　　　　图 9-59

图 9-60 　　　　　　　　　　　　图 9-61

STEP 8 选择"透明度"工具，在属性栏中单击"均匀透明度"按钮，其他选项的设置如图 9-62 所示。按 Enter 键，效果如图 9-63 所示。

图 9-62 　　　　　　　　　　　　图 9-63

STEP 9 选择"文本"工具，在适当的位置分别输入需要的文字。选择"选择"工具，在属性栏中分别选择合适的字体并设置文字大小，效果如图 9-64 所示。同时选取输入的文字，设置文字颜色的 CMYK 值为 40、0、100、0，填充文字，效果如图 9-65 所示。

图 9-64 　　　　　　　　　　　　图 9-65

STEP 10 选取英文 "Countryside"，选择 "文本 > 文本属性" 命令，在弹出的 "文本属性" 泊坞窗中进行设置，如图 9-66 所示。按 Enter 键，效果如图 9-67 所示。

图 9-66

图 9-67

STEP 11 选择 "2点线" 工具，按住 Ctrl 键的同时，在适当的位置绘制一条竖线，如图 9-68 所示。按 F12 键，弹出 "轮廓笔" 对话框，在 "颜色" 选项中设置轮廓线颜色的 CMYK 值为 40、0、100、0，其他选项的设置如图 9-69 所示。单击 "确定" 按钮，效果如图 9-70 所示。

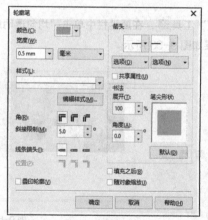

图 9-68

图 9-69

图 9-70

STEP 12 选择 "文本" 工具，在适当的位置拖曳出一个文本框，如图 9-71 所示。在文本框中输入需要的文字，选择 "选择" 工具，在属性栏中选取适当的字体并设置文字大小，效果如图 9-72 所示。

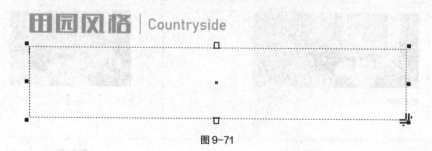

图 9-71

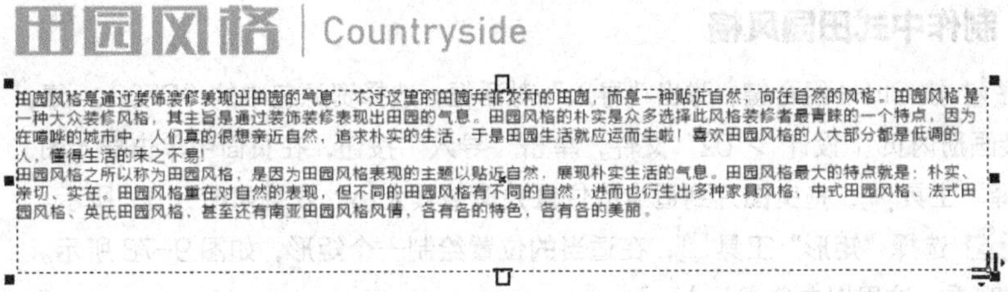

田园风格 | Countryside
田园风格是通过装饰装修表现出田园的气息，不过这里的田园并非农村的田园，而是一种贴近自然，向往自然的风格。田园风格是一种大众装修风格，其主旨是通过装饰装修表现出田园的气息。田园风格的朴实是众多选择此风格装修者最青睐的一个特点，因为在喧哗的城市中，人们真的很想亲近自然，追求朴实的生活，于是田园生活就应运而生啦！喜欢田园风格的人大部分都是低调的人，懂得生活的来之不易！
田园风格之所以称为田园风格，是因为田园风格表现的主题以贴近自然，展现朴实生活的气息。田园风格最大的特点就是：朴实、亲切、实在。田园风格重在对自然的表现，但不同的田园风格有不同的自然，进而也衍生出多种家具风格，中式田园风格、法式田园风格、英氏田园风格，甚至还有南亚田园风格风情，各有各的特色，各有各的美丽。

图 9-72

STEP 13 在“文本属性”泊坞窗中，单击“两端对齐”按钮，其他选项的设置如图 9-73 所示。按 Enter 键，效果如图 9-74 所示。

文本属性
段落
0.0 mm
0.0 mm
0.0 mm
100.0 %
140.0 %
0.0 %
%字符高度
20.0 %
100.0 %
0.0 %
文本属性

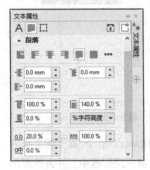

图 9-73

田园风格 | Countryside

图 9-74

STEP 14 选择“文本 > 栏”命令，弹出“栏设置”对话框，各选项的设置如图 9-75 所示。单击“确定”按钮，效果如图 9-76 所示。

栏设置
栏数(N): 2.0
栏
宽度
栏间宽度
1
104.132 mm
6.0 mm
2
104.132 mm
0.000 mm
栏宽相等(E)
帧设置
保持当前图文框宽度(M)
自动调整图文框宽度(A)
预览(P)
确定
取消
帮助

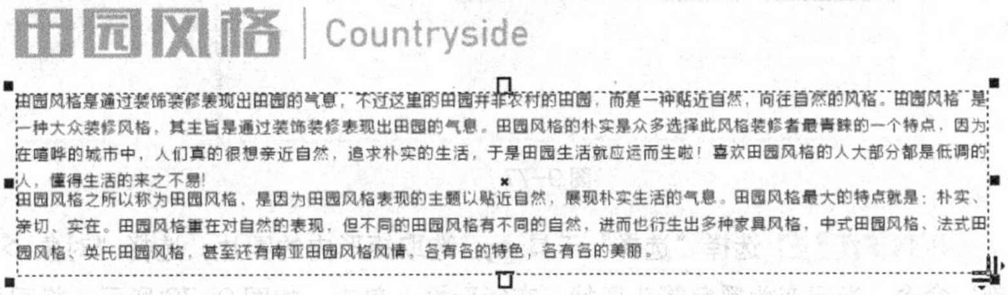

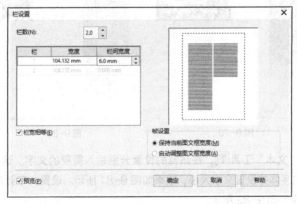

图 9-75

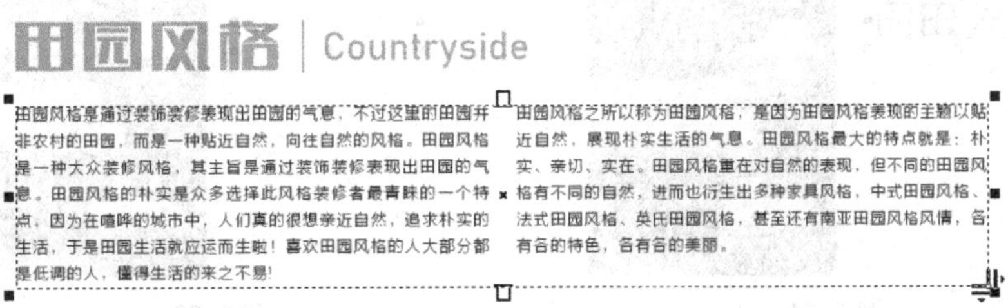

田园风格 | Countryside

图 9-76

9.2.2　制作中式田园风格

STEP 1 按Ctrl+I组合键，弹出"导入"对话框，选择资源包中的"Ch09 > 素材 > 时尚家装画册内页1设计 > 02"文件，单击"导入"按钮，在页面中单击导入图片，选择"选择"工具 ▶，拖曳图片到适当的位置并调整其大小，效果如图9-77所示。

STEP 2 选择"矩形"工具 □，在适当的位置绘制一个矩形，如图9-78所示。（为了方便读者观看，这里以白色显示）

时尚家装画册
内页1设计2

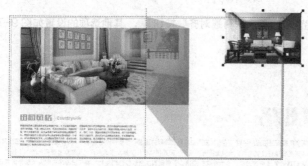

图9-77　　　　　　　　　　　　　　　　　　图9-78

STEP 3 选择"选择"工具 ▶，选取矩形内的图片，选择"对象 > PowerClip > 置于图文框内部"命令，光标变为黑色箭头形状，在矩形框上单击，如图9-79所示。将图片置入矩形框中，并去除图形的轮廓线，效果如图9-80所示。

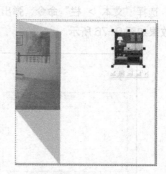

图9-79　　　　　　　　　　　　　　　　　　图9-80

STEP 4 选择"文本"工具 字，在适当的位置分别输入需要的文字。选择"选择"工具 ▶，在属性栏中分别选择合适的字体并设置文字大小，效果如图9-81所示。设置文字颜色的CMYK值为40、0、100、0，填充文字，效果如图9-82所示。

图9-81　　　　　　　　　　　　　　　　　　图9-82

STEP 5 选择"文本"工具 **字**，在适当的位置拖曳出一个文本框，如图 9-83 所示。在文本框中输入需要的文字，选择"选择"工具 ，在属性栏中选取适当的字体并设置文字大小，效果如图 9-84 所示。

图 9-83　　　　　　　　　　　　　　　　　图 9-84

STEP 6 在"文本属性"泊坞窗中，单击"两端对齐"按钮 ，其他选项的设置如图 9-85 所示。按 Enter 键，效果如图 9-86 所示。

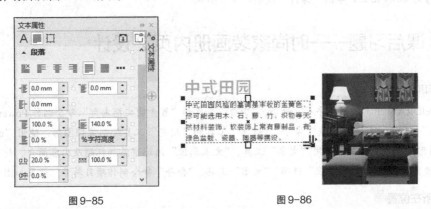

图 9-85　　　　　　　　　　　　图 9-86

STEP 7 选择"2 点线"工具 ，按住 Ctrl 键的同时，在适当的位置绘制一条直线，如图 9-87 所示。按 F12 键，弹出"轮廓笔"对话框，在"颜色"选项中设置轮廓线颜色的 CMYK 值为 0、0、0、20，其他选项的设置如图 9-88 所示。单击"确定"按钮，效果如图 9-89 所示。

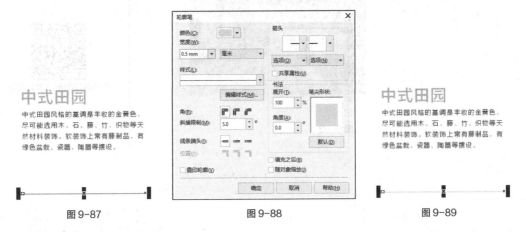

图 9-87　　　　　　　　　　图 9-88　　　　　　　　　　图 9-89

STEP 8 用相同的方法制作"法式田园"和"英式田园"效果，如图 9-90 所示。时尚家装画册内页 1 制作完成，效果如图 9-91 所示。

图 9-90   图 9-91

STEP 9 按 Ctrl+S 组合键，弹出"保存图形"对话框，将制作好的图像命名为"时尚家装画册内页 1"，保存为 CDR 格式，单击"保存"按钮，保存图像。

9.3 课后习题——时尚家装画册内页 2 设计

➕ 习题知识要点

在 CorelDRAW 中，使用"导入"命令、"矩形"工具和"置于图文框内部"命令制作 PowerClip 效果，使用"矩形"工具、"转换为曲线"命令、"形状"工具和"填充"工具绘制装饰图形，使用"透明度"工具为装饰图形添加透明效果，使用"文本"工具、"文本属性"泊坞窗添加标题及内容简介，使用"矩形"工具、"倒棱角"按钮、"转角半径"选项、"文本"工具、"合并"命令制作项目符号。效果如图 9-92 所示。

➕ 效果所在位置

资源包 > Ch09 > 效果 > 时尚家装画册内页 2 设计.cdr。

时尚家装画册内页 2 设计

图 9-92

Chapter

10

第 10 章
书籍装帧设计

精美的书籍装帧设计可以带给读者更多的阅读乐趣。一本好书是好的内容和好的书籍装帧的完美结合。本章以美食书籍封面设计为例，讲解书籍封面的设计方法和制作技巧。封面设计包括书名、色彩、装饰元素，以及作者和出版社名称等内容。本章讲解书籍封面的制作方法和技巧。

课堂学习目标

- 掌握书籍封面的设计思路和过程
- 掌握书籍封面的制作方法和技巧

Photoshop CC + CorelDRAW X8

10.1 美食书籍封面设计

🔍 **案例学习目标**

在 CorelDRAW 中，学习使用辅助线分割页面，使用"导入"命令、"调整"命令制作背景效果，使用"绘图"工具、"文本"工具、"文本属性"泊坞窗添加封面内容和出版信息；在 Photoshop 中，学习使用"变换"命令和"添加图层样式"按钮制作封面立体效果。

🔍 **案例知识要点**

在 CorelDRAW 中，使用"导入"命令添加素材图片，使用"色度/饱和度/亮度"命令、"亮度/对比度/强度"命令调整图片色调，使用"文本"工具、"文本属性"泊坞窗添加封面名称及其他内容，使用"矩形"工具、"椭圆形"工具、"合并"命令、"移除前面对象"命令和"文本"工具制作标签，使用"阴影"工具为标签添加阴影效果；在 Photoshop 中，使用"移动"工具、"不透明度"选项合成背景，使用"矩形选框"工具、"移动"工具和"变换"命令添加封面和书脊，使用"载入选区"命令、"渐变"工具、"填充"命令和"不透明度"选项制作书脊暗影，使用"添加图层样式"按钮为书籍添加投影效果。美食书籍封面设计效果如图10-1所示。

🔍 **效果所在位置**

资源包 > Ch10 > 效果 > 美食书籍封面设计 > 美食书籍封面.ai、美食书籍封面立体效果.psd。

图10-1

10.1.1 制作封面 CorelDRAW 应用

STEP🔽1 按 Ctrl+N 组合键，弹出"创建新文档"对话框，设置文档的宽度为440毫米，高度为285毫米，取向为横向，原色模式为 CMYK，渲染分辨率为300像素/英寸，单击"确定"按钮，创建一个文档。

美食书籍封面设计1

STEP🔽2 按 Ctrl+J 组合键，弹出"选项"对话框，选择"文档/页面尺寸"选项，在出血框中设置数值为3.0，勾选"显示出血区域"复选框，如图10-2所示。单击"确定"按钮，页面效果如图10-3所示。

STEP🔽3 选择"视图 > 标尺"命令，在视图中显示标尺。选择"选择"工具，在左侧标尺中拖曳一条垂直辅助线，在属性栏中将"X 位置"选项设置为210mm，按 Enter 键，如图10-4所示。用相同的方法，在 230mm 的位置添加一条垂直辅助线，在页面空白处单击，如图 10-5 所示。

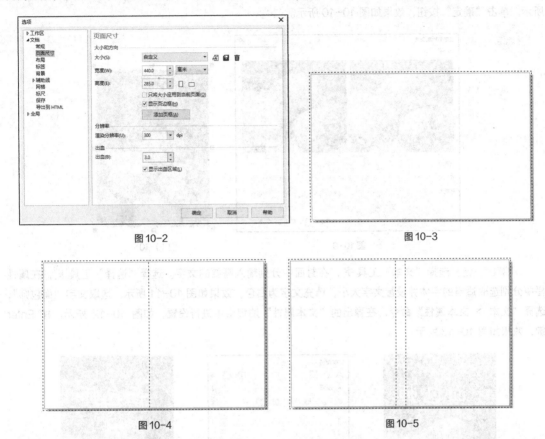

图 10-2   图 10-3

图 10-4   图 10-5

STEP 4 按 Ctrl+I 组合键，弹出"导入"对话框，选择资源包中的"Ch10 > 素材 > 美食书籍封面设计 > 01"文件，单击"导入"按钮，在页面中单击导入图片，选择"选择"工具 ，拖曳图片到适当的位置，效果如图 10-6 所示。

STEP 5 选择"效果 > 调整 > 色度/饱和度/亮度"命令，在弹出的对话框中进行设置，如图 10-7 所示。单击"确定"按钮，效果如图 10-8 所示。

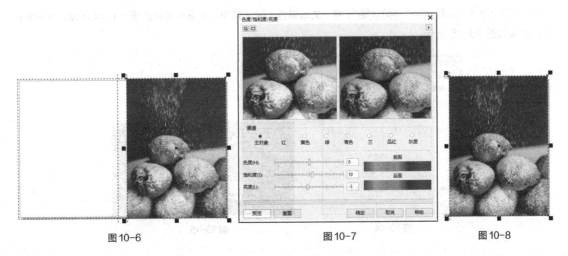

图 10-6   图 10-7   图 10-8

STEP 6 选择"效果 > 调整 > 亮度/对比度/强度"命令，在弹出的对话框中进行设置，如图 10-9 所示。单击"确定"按钮，效果如图 10-10 所示。

图 10-9   图 10-10

STEP 7 选择"文本"工具 **字**，在封面中分别输入需要的文字。选择"选择"工具 ，在属性栏中分别选取适当的字体并设置文字大小，填充文字为白色，效果如图 10-11 所示。选取文字"面包师"，选择"文本 > 文本属性"命令，在弹出的"文本属性"泊坞窗中进行设置，如图 10-12 所示。按 Enter 键，效果如图 10-13 所示。

图 10-11   图 10-12   图 10-13

STEP 8 选取文字"烘焙攻略"，在"文本属性"泊坞窗中，选项的设置如图 10-14 所示。按 Enter 键，效果如图 10-15 所示。

图 10-14   图 10-15

STEP 9 选择"椭圆形"工具◯，按住 Ctrl 键的同时，在适当的位置绘制一个圆形，如图 10-16 所示。

STEP 10 按数字键盘上的+键，复制圆形。选择"选择"工具▶，按住 Shift 键的同时，水平向右拖曳复制的圆形到适当的位置，效果如图 10-17 所示。连续按 Ctrl+D 组合键，按需要再复制 2 个圆形，效果如图 10-18 所示。（为了方便读者观看，这里以白色显示）

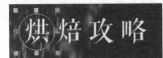
图 10-16

图 10-17

图 10-18

STEP 11 选择"矩形"工具▢，在适当的位置绘制一个矩形，如图 10-19 所示。选择"选择"工具▶，按住 Shift 键的同时，依次单击圆形将其同时选取，如图 10-20 所示。单击属性栏中的"合并"按钮⬒，合并图形，如图 10-21 所示。

图 10-19

图 10-20

图 10-21

STEP 12 保持图形选取状态。设置图形颜色的 CMYK 值为 0、90、100、0，填充图形，并去除图形的轮廓线，效果如图 10-22 所示。按 Ctrl+PageDown 组合键，将图形向后移一层，效果如图 10-23 所示。

图 10-22

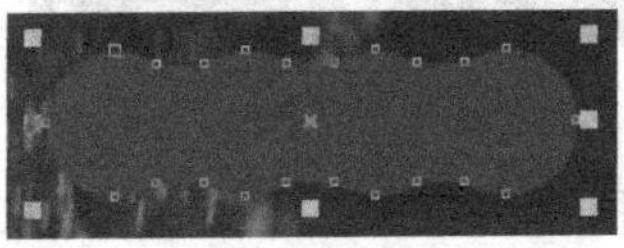

图 10-23

STEP 13 选择"文本"工具**字**，在适当的位置分别输入需要的文字。选择"选择"工具▶，在属性栏中分别选取适当的字体并设置文字大小，填充文字为白色，效果如图 10-24 所示。

STEP 14 选取文字"109 道手工面包"，在"文本属性"泊坞窗中，选项的设置如图 10-25 所示。按 Enter 键，效果如图 10-26 所示。

图 10-24

图 10-25

图 10-26

STEP 15 选取右侧需要的文字，单击属性栏中的"文本对齐"按钮，在弹出的下拉列表中选择"右"选项，如图 10-27 所示，文本右对齐效果如图 10-28 所示。选择"文本"工具**字**，在文字"纳"右侧单击插入光标，如图 10-29 所示。

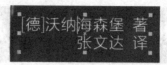

图 10-27   图 10-28   图 10-29

STEP 16 选择"文本 > 插入字符"命令，弹出"插入字符"泊坞窗，在泊坞窗中按需要进行设置并选择需要的字符，如图 10-30 所示。双击选取的字符，插入字符，效果如图 10-31 所示。

图 10-30   图 10-31

STEP 17 选择"手绘"工具，按住 Ctrl 键的同时，在适当的位置绘制一条直线，效果如图 10-32 所示。

STEP 18 按 F12 键，弹出"轮廓笔"对话框，在"颜色"选项中设置轮廓线颜色为白色，其他选项的设置如图 10-33 所示。单击"确定"按钮，效果如图 10-34 所示。选择"矩形"工具，在适当的位置绘制一个矩形，如图 10-35 所示。

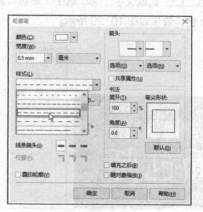

图 10-32   图 10-33

图 10-34

图 10-35

STEP 19 在属性栏中将"转角半径"选项均设置为 8.0 mm，如图 10-36 所示。按 Enter 键，效果如图 10-37 所示。

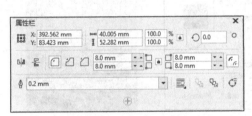

图 10-36

图 10-37

STEP 20 选择"椭圆形"工具○，在适当的位置绘制一个椭圆形，如图 10-38 所示。选择"选择"工具▶，按住 Shift 键的同时，单击圆角矩形将其同时选取，如图 10-39 所示。单击属性栏中的"合并"按钮，合并图形，如图 10-40 所示。

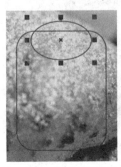

图 10-38

图 10-39

图 10-40

STEP 21 按 Alt+F9 组合键，弹出"变换"泊坞窗，选项的设置如图 10-41 所示。再单击"应用"按钮 应用 ，缩小并复制图形，效果如图 10-42 所示。

STEP 22 按 F12 键，弹出"轮廓笔"对话框，在"颜色"选项中设置轮廓线颜色的 CMYK 值为 0、90、100、0，其他选项的设置如图 10-43 所示。单击"确定"按钮，效果如图 10-44 所示。

图 10-41

图 10-42

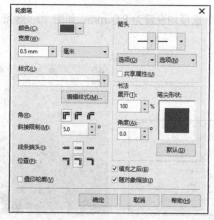

图 10-43

图 10-44

STEP 23 选择"椭圆形"工具 ◯，按住 Ctrl 键的同时，在适当的位置绘制一个圆形，如图 10-45 所示。选择"选择"工具 ▶，按住 Shift 键的同时，单击需要的图形将其同时选取，如图 10-46 所示。

图 10-45

图 10-46

STEP 24 单击属性栏中的"移除前面对象"按钮 ⬚，将两个图形剪切为一个图形，效果如图 10-47 所示。填充图形为白色，并去除图形的轮廓线，效果如图 10-48 所示。

STEP 25 选择"贝塞尔"工具 ✐，在适当的位置绘制一条曲线，如图 10-49 所示。选择"属性滴管"工具 ✐，将鼠标放置在下方图形轮廓上，光标变为 ✐ 图标，如图 10-50 所示。在轮廓上单击鼠标左键吸取属性，光标变为 ◇ 图标，在需要的图形上单击鼠标左键，填充图形，效果如图 10-51 所示。

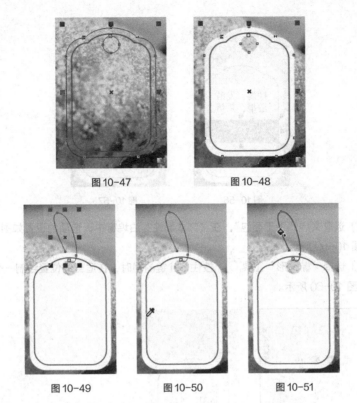

图 10-47   图 10-48

图 10-49   图 10-50   图 10-51

STEP 26 选择"文本"工具字，在适当的位置输入需要的文字。选择"选择"工具，在属性栏中选取适当的字体并设置文字大小，效果如图 10-52 所示。设置文字颜色的 CMYK 值为 65、96、100、62，填充文字，效果如图 10-53 所示。

STEP 27 在"文本属性"泊坞窗中，选项的设置如图 10-54 所示。按 Enter 键，效果如图 10-55 所示。

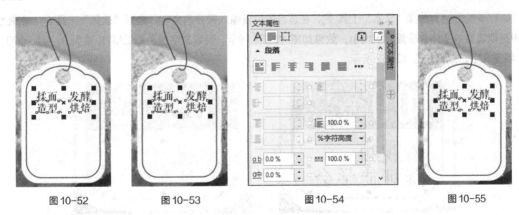

图 10-52   图 10-53   图 10-54   图 10-55

STEP 28 选择"矩形"工具，在适当的位置绘制一个矩形，设置图形颜色的 CMYK 值为 0、90、100、0，填充图形，并去除图形的轮廓线，效果如图 10-56 所示。

STEP 29 选择"文本"工具字，在适当的位置分别输入需要的文字。选择"选择"工具，在属性栏中分别选取适当的字体并设置文字大小，填充文字为白色，效果如图 10-57 所示。

图 10-56　　　　　　　　　　　图 10-57

STEP⤸30 选取文字"手工面包"，在"文本属性"泊坞窗中，选项的设置如图 10-58 所示。按 Enter 键，效果如图 10-59 所示。

STEP⤸31 选择"椭圆形"工具 〇，按住 Ctrl 键的同时，在适当的位置绘制一个圆形，设置轮廓线为白色，效果如图 10-60 所示。

图 10-58　　　　　　　　图 10-59　　　　　　　　　　图 10-60

STEP⤸32 选择"文本"工具 字，在适当的位置输入需要的文字。选择"选择"工具 ▶，在属性栏中选取适当的字体并设置文字大小，效果如图 10-61 所示。设置文字颜色的 CMYK 值为 0、90、100、0，填充文字，效果如图 10-62 所示。

图 10-61　　　　　　　　　　　图 10-62

STEP⤸33 单击属性栏中的"文本对齐"按钮 ，在弹出的下拉列表中选择"居中"选项，如图 10-63 所示，文本右对齐效果如图 10-64 所示。选择"文本"工具 字，选取文字"看视频"，在属性栏中设置文字大小，效果如图 10-65 所示。

图 10-64

图 10-65

图 10-63

STEP↘34 选择"选择"工具 ▶，用圈选的方法同时选取图形和文字，按 Ctrl+G 组合键，将其群组，如图 10-66 所示。在属性栏的"旋转角度"框 ↻ ⌀ ° 中设置数值为 16°，按 Enter 键，效果如图 10-67 所示。

图 10-66   图 10-67

STEP↘35 选择"阴影"工具 ▢，在图形中由上至下拖曳鼠标，为图形添加阴影效果，在属性栏中的设置如图 10-68 所示。按 Enter 键，效果如图 10-69 所示。

STEP↘36 选择"文本"工具 字，在适当的位置输入需要的文字。选择"选择"工具 ▶，在属性栏中选取适当的字体并设置文字大小，填充文字为白色，效果如图 10-70 所示。

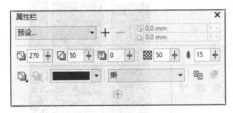

图 10-68   图 10-69   图 10-70

10.1.2 制作封底和书脊

STEP↘1 按 Ctrl+I 组合键，弹出"导入"对话框，选择资源包中的"Ch10 > 素材 > 美食书籍封面设计 > 02"文件，单击"导入"按钮，在页面中单击导入图片，选择"选择"工具 ▶，拖曳图片到适当的位置，效果如图 10-71 所示。

美食书籍封面设计 2

图 10-71

STEP 2 选择"效果 > 调整 > 亮度/对比度/强度"命令，在弹出的对话框中进行设置，如图 10-72 所示。单击"确定"按钮，效果如图 10-73 所示。

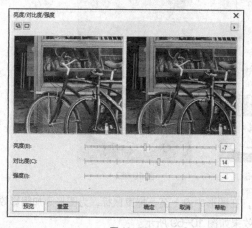

图 10-72

图 10-73

STEP 3 选择"矩形"工具，在适当的位置绘制一个矩形，填充图形为黑色，并去除图形的轮廓线，如图 10-74 所示。选择"透明度"工具，在属性栏中单击"均匀透明度"按钮，其他选项的设置如图 10-75 所示。按 Enter 键，透明效果如图 10-76 所示。

图 10-74

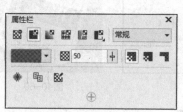

图 10-75

图 10-76

STEP 4 选择"文本"工具，在适当的位置拖曳出一个文本框，如图 10-77 所示。在文本框中输入需要的文字，在属性栏中选取适当的字体并设置文字大小，填充文字为白色，效果如图 10-78 所示。

图 10-77　　　　　　　　　　图 10-78

STEP 5 在"文本属性"泊坞窗中，单击"两端对齐"按钮█，其他选项的设置如图 10-79 所示。按 Enter 键，效果如图 10-80 所示。

图 10-79　　　　　　　　　　图 10-80

STEP 6 选择"矩形"工具□，在适当的位置绘制一个矩形，填充图形为白色，并去除图形的轮廓线，如图 10-81 所示。选择"文本"工具**字**，在适当的位置输入需要的文字。选择"选择"工具▖，在属性栏中选取适当的字体并设置文字大小，效果如图 10-82 所示。

图 10-81　　　　　　　　　　图 10-82

STEP 7 选择"矩形"工具□，在适当的位置绘制一个矩形，如图 10-83 所示。设置图形颜色的 CMYK 值为 0、90、100、0，填充图形，并去除图形的轮廓线，效果如图 10-84 所示。

STEP 8 选择"选择"工具▖，在封面中选取需要的图形，如图 10-85 所示。按数字键盘上的+键，复制图形。向左拖曳复制的图形到书脊中，拖曳右上角的控制手柄，等比例缩小图形，按 Shift+PageUp

组合键，将图形移至图层前面，填充图形为白色，效果如图10-86所示。

图10-83

图10-84

图10-85

图10-86

STEP 9 在属性栏的"旋转角度"框○ ０ °中设置数值为-90°，按Enter键，效果如图10-87所示。用相同的方法分别复制封面中其他图形和文字到书脊中，填充相应的颜色，效果如图10-88所示。

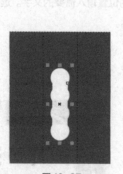
图10-87

图10-88

STEP 10 美食书籍封面制作完成，效果如图10-89所示。选择"文件 > 导出"命令，弹出"导出"对话框，将其命名为"美食书籍封面"，保存为JPEG格式。单击"导出"按钮，弹出"导出到JPEG"对话框，单击"确定"按钮，导出JPEG格式图像。

STEP 11 选择"选择"工具 ，按住Shift键的同时，在封面中选取需要的图形和文字，如图10-90所示。选择"文件 > 导出"命令，弹出"导出"对话框，勾选"只是选定的"复选框，将其命名为"04"，保存为PNG格式。单击"导出"按钮，弹出"导出到PNG"对话框，单击"确定"按钮，导出PNG格式图像。

图 10-89

图 10-90

10.1.3　制作封面立体效果　Photoshop 应用

STEP 1 打开 Photoshop CC 2019 软件，按 Ctrl+N 组合键，弹出"新建文档"对话框，设置宽度为 28.5 厘米，高度为 21 厘米，分辨率为 150 像素/英寸，颜色模式为 RGB，背景内容为黑色，单击"创建"按钮，新建一个文档。

STEP 2 按 Ctrl+O 组合键，打开资源包中的"Ch10 ＞ 素材 ＞ 美食书籍封 美食书籍封面设计 3 面设计 ＞ 03"文件。选择"移动"工具 ，将图片拖曳到新建图像窗口中适当的位置，并调整其大小，效果如图 10-91 所示。在"图层"控制面板中生成新的图层并将其命名为"图片"。

STEP 3 在"图层"控制面板上方，将"图片"图层的"不透明度"选项设置为 75%，如图 10-92 所示，图像效果如图 10-93 所示。

STEP 4 按 Ctrl+O 组合键，打开资源包中的"Ch10 ＞ 效果 ＞ 美食书籍封面设计 ＞ 美食书籍封面.jpg"文件，如图 10-94 所示。

图 10-91

图 10-92

图 10-93

图 10-94

STEP 5 选择"视图 > 新建参考线版面"命令，弹出"新建参考线版面"对话框，选项的设置如图 10-95 所示。单击"确定"按钮，完成版面参考线的创建，如图 10-96 所示。

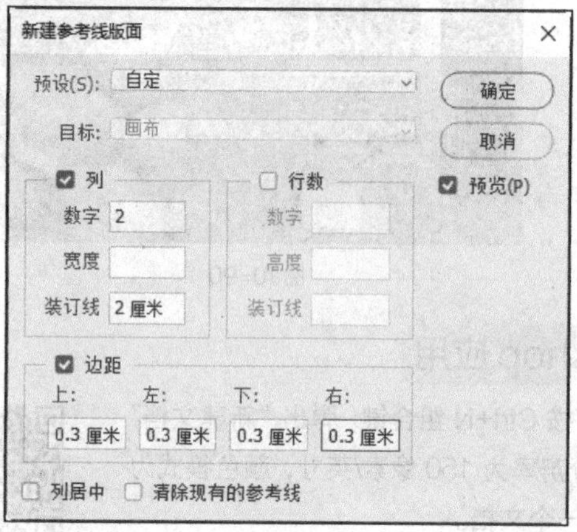

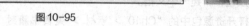

图 10-95

图 10-96

STEP 6 选择"矩形选框"工具 ▫，在封面中绘制出需要的选区，如图 10-97 所示。选择"移动"工具 ✛，将选区中的图像拖曳到新建的图像窗口中适当的位置，并调整其大小，效果如图 10-98 所示。在"图层"控制面板中生成新的图层并将其命名为"封面"。

图 10-97

图 10-98

STEP 7 按 Ctrl+T 组合键，图像周围出现变换框，按住 Ctrl 键的同时，拖曳右下角的控制手柄到适当的位置，如图 10-99 所示。用相同的方法拖曳右上角的控制手柄到适当的位置，按 Enter 键确定操作，效果如图 10-100 所示。

图 10-99

图 10-100

STEP 8 按住 Ctrl 键的同时，单击"封面"图层的缩览图，图像周围生成选区，如图 10-101 所示。新建图层并将其命名为"暗影 1"。将前景色设置为黑色，按 Alt+Delete 组合键，用前景色填充选区，按 Ctrl+D 组合键，取消选区，效果如图 10-102 所示。

图 10-101

图 10-102

STEP 9 单击"图层"控制面板下方的"添加图层蒙版"按钮 ，为"暗影 1"图层添加图层蒙版，如图 10-103 所示。选择"渐变"工具 ，单击属性栏中的"点按可编辑渐变"按钮 ，弹出"渐变编辑器"对话框，将渐变色设置为黑色到白色，单击"确定"按钮。在图像窗口中从上向下拖曳鼠标填充渐变色，如图 10-104 所示。松开鼠标左键，效果如图 10-105 所示。

图 10-103

图 10-104

图 10-105

STEP 10 选择"矩形选框"工具 ，在封面中绘制出需要的选区，如图 10-106 所示。选择"移动"工具 ，将选区中的图像拖曳到新建的图像窗口中适当的位置，并调整其大小，效果如图 10-107 所示。在"图层"控制面板中生成新的图层并将其命名为"书脊"。

图 10-106

图 10-107

STEP 11 按 Ctrl+T 组合键，图像周围出现变换框，按住 Ctrl 键的同时，拖曳左下角的控制手柄到适当的位置，如图 10-108 所示。用相同的方法拖曳左上角的控制手柄到适当的位置，按 Enter 键确定操作，效果如图 10-109 所示。

图 10-108

图 10-109

STEP 12 按住 Ctrl 键的同时，单击"书脊"图层的缩览图，图像周围生成选区，如图 10-110 所示。新建图层并将其命名为"暗影 2"。按 Alt+Delete 组合键，用前景色填充选区，按 Ctrl+D 组合键，取消选区，效果如图 10-111 所示。

图 10-110

图 10-111

STEP 13 在"图层"控制面板上方，将"暗影 2"图层的"不透明度"选项设置为 30%，如图 10-112 所示。按 Enter 键确定操作，效果如图 10-113 所示。

图 10-112

图 10-113

STEP 14 按住 Shift 键的同时，单击"封面"图层，同时选取"暗影 2"图层到"封面"图层之间的所有图层，如图 10-114 所示。按 Ctrl+G 组合键，编组图层并将其命名为"书籍"，如图 10-115 所示。

图 10-114

图 10-115

STEP 15 单击"图层"控制面板下方的"添加图层样式"按钮 fx，在弹出的菜单中选择"投影"命令，在弹出的窗口中进行设置，如图 10-116 所示。单击"确定"按钮，效果如图 10-117 所示。

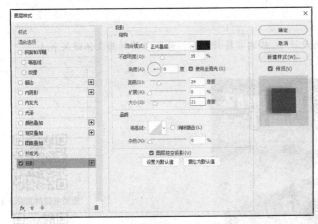

图 10-116

图 10-117

STEP 16 选择"文件 > 置入嵌入对象"命令，弹出"置入嵌入对象"对话框，选择资源包中的"Ch10 > 素材 > 美食书籍封面设计 > 04.png"文件，单击"置入"按钮，将图片置入图像窗口中，并将其拖曳到适当的位置，按 Enter 键确定操作，效果如图 10-118 所示。在"图层"控制面板中生成新的图层并将其命名为"文字"，如图 10-119 所示。

图 10-118

图 10-119

STEP 17 美食书籍封面立体效果制作完成。按 Ctrl+S 组合键，弹出"另存为"对话框，将其命名为"美食书籍封面立体效果"，保存为 PSD 格式，单击"保存"按钮，弹出"Photoshop 格式选项"对话框，单击"确定"按钮，保存图像。

10.2 课后习题——旅游书籍封面设计

习题知识要点

在 CorelDRAW 中，使用"文本"工具、"文本属性"泊坞窗制作封面文字，使用"椭圆形"工具、"调和"工具制作装饰图形，使用"手绘"工具、"透明度"工具制作竖线，使用"导入"命令、"矩形"工具和"旋转"命令制作旅行照片；在 Photoshop 中，使用"移动"工具、"添加图层蒙版"按钮、"画笔"工具合成背景，使用"矩形选框"工具、"移动"工具和"变换"命令制作书籍立体效果，使用"载入选区"命令、"填充"命令和"不透明度"选项制作书脊暗影，使用"添加图层样式"按钮为书籍添加投影。效果如图 10-120 所示。

效果所在位置

资源包 >Ch10> 效果 > 旅游书籍封面设计 > 旅游书籍封面.ai、旅游书籍封面立体效果.psd。

图 10-120

旅游书籍封面设计1

旅游书籍封面设计2

旅游书籍封面设计3

Chapter

11

第 11 章
包装设计

　　包装代表着一个商品的品牌形象。好的包装可以让商品在同类产品中脱颖而出，吸引消费者的注意力并引发其购买行为。包装可以起到保护、美化商品及传达商品信息的作用。好的包装更可以极大地提高商品的价值。本章以夹心饼干包装设计为例，讲解包装的制作方法和技巧。

课堂学习目标

- 掌握包装的设计思路和过程

- 掌握包装的制作方法和技巧

11.1 夹心饼干包装设计

案例学习目标

在 CorelDRAW 中，学习使用"绘图"工具、"导入"命令、"透明度"工具、"文本"工具、"形状"工具和"文本属性"泊坞窗制作饼干包装；在 Photoshop 中，学习使用"置入嵌入对象"命令、"变换"命令和"添加图层样式"按钮制作包装展示图。

案例知识要点

在 CorelDRAW 中，使用"矩形"工具、"导入"命令、"旋转角度"选项和"水平镜像"按钮制作包装底图，使用"3点椭圆形"工具、"透明度"工具、"转换为位图"命令和"高斯式模糊"命令为产品图片添加阴影效果，使用"文本"工具、"拆分"命令、"转换为曲线"命令、"形状"工具和"填充"工具制作产品名称，使用"矩形"工具、"转角半径"选项、"移除前面对象"按钮、"文本"工具和"文本属性"泊坞窗制作营养成分标签，使用"矩形"工具、"椭圆形"工具、"调和"工具和"文本"工具制作品牌名称；在 Photoshop 中，使用"置入嵌入对象"命令添加素材图片，使用"钢笔"工具、"创建剪贴蒙版"命令、"水平翻转"命令和"不透明度"选项制作包装展示图，使用"投影"命令为包装添加投影效果。夹心饼干包装设计效果如图 11-1 所示。

效果所在位置

资源包 >Ch11> 效果 > 夹心饼干包装设计 > 夹心饼干包装.cdr、夹心饼干包装展示图.psd。

图 11-1

11.1.1 制作包装底图　CorelDRAW 应用

STEP ↘1 打开 CorelDRAW X8 软件，按 Ctrl+N 组合键，弹出"创建新文档"
对话框，设置文档的宽度为 330 毫米，高度为 100 毫米，取向为横向，原色模式为 CMYK，
渲染分辨率为 300 像素/英寸，单击"确定"按钮，创建一个文档。

夹心饼干包装设计 1

STEP ↘2 双击"矩形"工具 □，绘制一个与页面大小相等的矩形，如图 11-2
所示。设置图形颜色的 CMYK 值为 84、100、16、20，填充图形，并去除图形的轮廓
线，效果如图 11-3 所示。

图 11-2

图 11-3

STEP ↘3 按 Ctrl+I 组合键，弹出"导入"对话框，选择资源包中的"Ch11 > 素材 > 夹心饼干包
装设计 > 01"文件，单击"导入"按钮，在页面中单击导入图片，选择"选择"工具 ▶，拖曳图片到适当
的位置并调整其大小，效果如图 11-4 所示。

图 11-4

STEP ↘4 按数字键盘上的+键，复制图片。选择"选择"工具 ▶，向左拖曳复制的图片到适当的
位置，按住 Shift 键的同时，向内拖曳图片右上角的控制手柄，等比例缩小图片，效果如图 11-5 所示。在

属性栏的"旋转角度"框○0.0 °中设置数值为6°，按 Enter 键，效果如图 11-6 所示。

图 11-5

图 11-6

STEP⤴5 按数字键盘上的+键，复制图片。选择"选择"工具，向右上方拖曳复制的图片到适当的位置，效果如图 11-7 所示。单击属性栏中的"水平镜像"按钮，翻转图片，效果如图 11-8 所示。

图 11-7

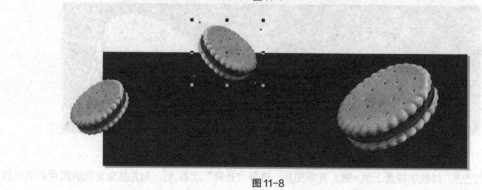

图 11-8

STEP 6 选择"3 点椭圆形"工具，在适当的位置拖曳鼠标绘制一个倾斜椭圆形，填充图形为黑色，并去除图形的轮廓线，效果如图 11-9 所示。

STEP 7 选择"透明度"工具，在属性栏中单击"渐变透明度"按钮，其他选项的设置如图 11-10 所示。按 Enter 键，效果如图 11-11 所示。

图 11-9

图 11-10

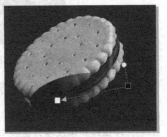

图 11-11

STEP 8 选择"位图 > 转换为位图"命令，在弹出的对话框中进行设置，如图 11-12 所示。单击"确定"按钮，效果如图 11-13 所示。

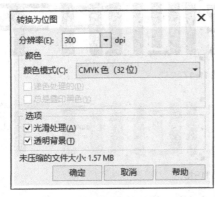

图 11-12

图 11-13

STEP 9 选择"位图 > 模糊 > 高斯式模糊"命令，在弹出的对话框中进行设置，如图 11-14 所示。单击"确定"按钮，效果如图 11-15 所示。连续按 Ctrl+PageDown 组合键，将图片向后移至适当的位置，效果如图 11-16 所示。

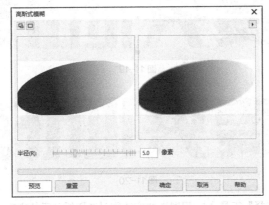

图 11-14

图 11-15

图 11-16

11.1.2 制作产品名称

STEP 1 选择"文本"工具 字，在页面外输入需要的文字。选择"选择"工具 ，在属性栏中选择合适的字体并设置文字大小，效果如图 11-17 所示。设置文字颜色的 CMYK 值为 64、9、11、0，填充文字，效果如图 11-18 所示。

夹心饼干包装设计 2

图 11-17

图 11-18

STEP 2 保持文字选取状态。向左拖曳文字右侧中间的控制手柄到适当的位置，调整其大小，效果如图 11-19 所示。按 Ctrl+K 组合键，将文字拆分，拆分完成后"全"文字呈选中状态，效果如图 11-20 所示。

图 11-19

图 11-20

STEP 3 选择"选择"工具 ，用圈选的方法同时选取拆分后的文字，按 Ctrl+Q 组合键，将文字转换为曲线，效果如图 11-21 所示。

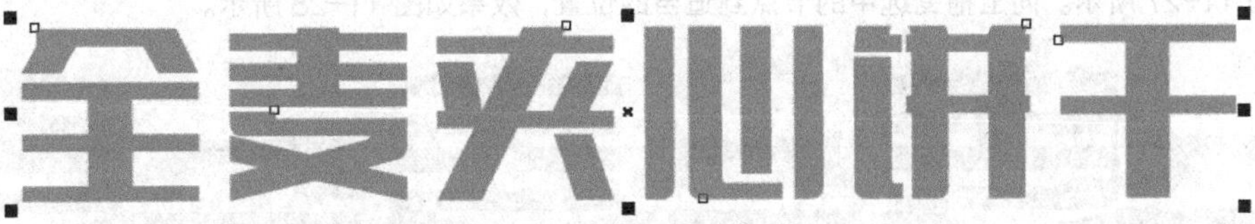

图 11-21

STEP 4 选择"视图 > 标尺"命令，在视图中显示标尺。选择"选择"工具，在上方标尺中拖曳一条水平辅助线，使其与文字"麦"的笔画对齐，如图 11-22 所示。

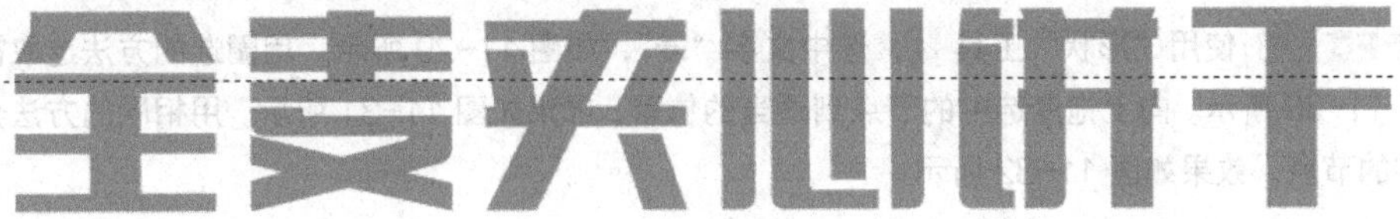

图 11-22

STEP 5 选中文字"全"，向右下拖曳到适当的位置，使文字"全"右侧与文字"麦"左侧靠齐，效果如图 11-23 所示。

图 11-23

STEP 6 选中文字"夹"，向左下拖曳到适当的位置，使文字"夹"左侧与文字"麦"右侧靠齐，第一横笔画靠齐辅助线，效果如图 11-24 所示。用相同的方法分别调整文字"心""饼""干"，效果如图 11-25 所示。

图 11-24

图 11-25

STEP 7 选择"形状"工具，选中文字"全"，如图 11-26 所示。用圈选的方法选取需要的节点，如图 11-27 所示。向上拖曳选中的节点到适当的位置，效果如图 11-28 所示。

图 11-26   图 11-27   图 11-28

STEP 8 使用"形状"工具，选中文字"麦"，如图 11-29 所示。用圈选的方法选取需要的节点，如图 11-30 所示。向上拖曳选中的节点到适当的位置，效果如图 11-31 所示。用相同的方法分别调整其他文字的节点，效果如图 11-32 所示。

图 11-29   图 11-30   图 11-31

图 11-32

STEP 9 选择"选择"工具，用圈选的方法选取所有的文字，按 Ctrl+G 组合键，组合文字，并将其拖曳到页面中适当的位置，调整其大小，效果如图 11-33 所示。

图 11-33

STEP 10 保持文字选取状态。再次单击文字，使其处于旋转状态，如图 11-34 所示。单击并向上拖曳右侧中间的控制手柄到适当的位置，松开鼠标左键，倾斜文字，效果如图 11-35 所示。

图 11-34

图 11-35

STEP 11 选择"文本"工具 **字**，在适当的位置分别输入需要的文字。选择"选择"工具 **↖**，在属性栏中分别选择合适的字体并设置文字大小，填充文字为白色，效果如图 11-36 所示。

图 11-36

STEP 12 用圈选的方法同时选取需要的文字，按 Ctrl+G 组合键，组合选中的文字，效果如图 11-37 所示。

图 11-37

STEP 13 保持文字选取状态。再次单击文字，使其处于旋转状态，如图 11-38 所示。单击并向上拖曳右侧中间的控制手柄到适当的位置，松开鼠标左键，倾斜文字，效果如图 11-39 所示。

图 11-38

图 11-39

11.1.3 制作营养成分和标识

STEP 1 选择"矩形"工具，在页面外绘制一个矩形，如图 11-40 所示。在属性栏中将"转角半径"选项均设置为 5.0mm，如图 11-41 所示。按 Enter 键，效果如图 11-42 所示。

夹心饼干包装设计 3

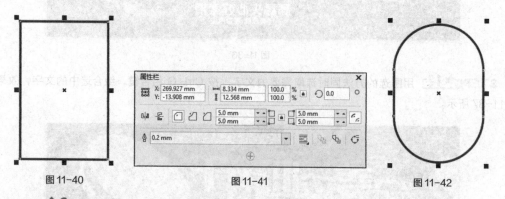

图 11-40　　　　　图 11-41　　　　　图 11-42

STEP 2 按数字键盘上的+键，复制圆角矩形。选择"选择"工具，按住 Shift 键的同时，向内拖曳圆角矩形右上角的控制手柄，等比例缩小图形，效果如图 11-43 所示。向下拖曳复制的圆角矩形到适当的位置，效果如图 11-44 所示。

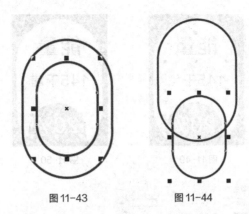

图 11-43　　　　　　　　　图 11-44

STEP 3 按住 Shift 键的同时，单击大圆角矩形将其同时选取，如图 11-45 所示。单击属性栏中的"移除前面对象"按钮，将两个图形剪切为一个图形，效果如图 11-46 所示。

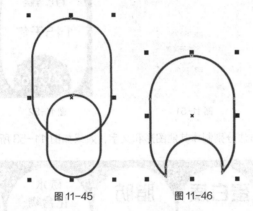

图 11-45　　　　　　　　　图 11-46

STEP 4 拖曳剪切图形到页面中适当的位置，并调整其大小，效果如图 11-47 所示。选择"文本"工具，在适当的位置分别输入需要的文字。选择"选择"工具，在属性栏中分别选择合适的字体并设置文字大小，效果如图 11-48 所示。

图 11-47　　　　　　　　　图 11-48

STEP 5 按住 Shift 键的同时，选取需要的文字，设置文字颜色的 CMYK 值为 84、100、16、20，填充文字，效果如图 11-49 所示。选取文字"20%"，填充文字为白色，效果如图 11-50 所示。

STEP 6 选择"文本 > 文本属性"命令，在弹出的"文本属性"泊坞窗中进行设置，如图 11-51 所示。按 Enter 键，效果如图 11-52 所示。

图 11-49

图 11-50

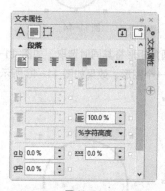
图 11-51

图 11-52

STEP7 用相同的方法分别制作其他图形和文字，效果如图 11-53 所示。

图 11-53

STEP8 选择"矩形"工具，在页面外绘制一个矩形，如图 11-54 所示。选择"椭圆形"工具，在适当的位置绘制一个椭圆形，如图 11-55 所示。

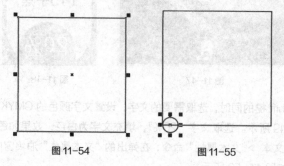

图 11-54   图 11-55

STEP9 按数字键盘上的+键，复制椭圆形。选择"选择"工具，按住 Shift 键的同时，水平向右拖曳复制的椭圆形到适当的位置，效果如图 11-56 所示。

STEP 10 选择"调和"工具，在两个椭圆形之间拖曳鼠标添加调和效果，在属性栏中的设置如图 11-57 所示。按 Enter 键，效果如图 11-58 所示。

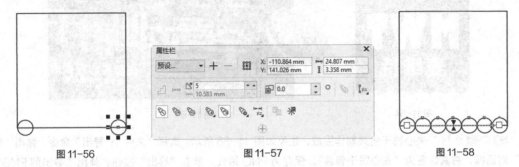

图 11-56　　　　　　　　　图 11-57　　　　　　　　　图 11-58

STEP 11 按 Ctrl+K 组合键，拆分调和群组，效果如图 11-59 所示。选择"选择"工具，用圈选的方法同时选取所绘制的图形，如图 11-60 所示。单击属性栏中的"合并"按钮，合并图形，如图 11-61 所示。

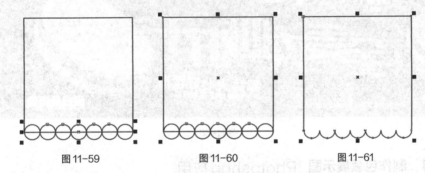

图 11-59　　　　　　　　　图 11-60　　　　　　　　　图 11-61

STEP 12 保持图形选取状态，设置图形颜色的 CMYK 值为 0、100、100、25，填充图形，并去除图形的轮廓线，效果如图 11-62 所示。

STEP 13 选择"矩形"工具，在适当的位置绘制一个矩形，在"CMYK 调色板"中的"黄"色块上单击，填充图形，并去除图形的轮廓线，效果如图 11-63 所示。

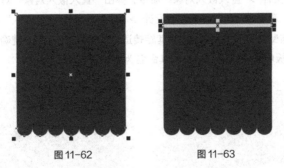

图 11-62　　　　　　　　图 11-63

STEP 14 选择"文本"工具，在适当的位置分别输入需要的文字。选择"选择"工具，在属性栏中分别选择合适的字体并设置文字大小，填充文字为白色，效果如图 11-64 所示。

STEP 15 用圈选的方法选取所有的图形和文字，按 Ctrl+G 组合键，组合图形和文字，并将其拖曳到页面中适当的位置，效果如图 11-65 所示。

图 11-64

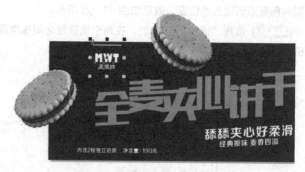

图 11-65

STEP↘16 夹心饼干包装制作完成，效果如图 11-66 所示。选择"文件 > 导出"命令，弹出"导出"对话框，将其命名为"夹心饼干包装"，保存为 PNG 格式。单击"导出"按钮，弹出"导出到 PNG"对话框，单击"确定"按钮，导出为 PNG 格式。

图 11-66

11.1.4 制作包装展示图 Photoshop 应用

STEP↘1 按 Ctrl+N 组合键，弹出"新建文档"对话框，设置宽度为 50 厘米，高度为 27 厘米，分辨率为 150 像素/英寸，颜色模式为 RGB，背景内容为蓝色（其 R、G、B 的值分别为 86、181、215），单击"创建"按钮，新建一个文档，如图 11-67 所示。

夹心饼干包装设计 4

STEP↘2 选择"文件 > 置入嵌入对象"命令，弹出"置入嵌入对象"对话框，选择资源包中的"Ch11 > 素材 > 夹心饼干包装设计 >01"文件，单击"置入"按钮，将图片置入图像窗口中，拖曳到适当的位置，并将其旋转适当的角度，按 Enter 键确定操作，效果如图 11-68 所示。在"图层"控制面板中生成新的图层并将其命名为"饼干"。

图 11-67

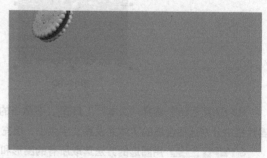

图 11-68

STEP 3 连续 3 次按 Ctrl+J 组合键，复制"饼干"图层，生成新的拷贝图层，如图 11-69 所示。选择"移动"工具 ⊹，分别拖曳复制的图片到适当的位置，调整其大小和角度，效果如图 11-70 所示。

图 11-69

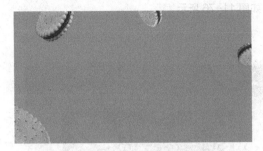

图 11-70

STEP 4 选择"钢笔"工具 ∅，在属性栏的"选择工具模式"选项中选择"形状"，将"填充"颜色设置为紫色（其 R、G、B 的值分别为 74、45、112），在图像窗口中绘制一个形状，效果如图 11-71 所示。在"图层"控制面板中生成新的形状图层并将其命名为"包装模型"。

STEP 5 选择"文件 > 置入嵌入对象"命令，弹出"置入嵌入对象"对话框，选择资源包中的"Ch11 > 效果 > 夹心饼干包装设计 > 夹心饼干包装.png"文件，单击"置入"按钮，将图片置入图像窗口中，并将其拖曳到适当的位置，按 Enter 键确定操作，效果如图 11-72 所示。在"图层"控制面板中生成新的图层并将其命名为"夹心饼干包装"。

图 11-71

图 11-72

STEP 6 按 Ctrl+Alt+G 组合键，为"夹心饼干包装"图层创建剪贴蒙版，图像效果如图 11-73 所示。选择"文件 > 置入嵌入对象"命令，弹出"置入嵌入对象"对话框，选择资源包中的"Ch11 > 素材 > 夹心饼干包装设计 > 02"文件，单击"置入"按钮，将图片置入图像窗口中，并将其拖曳到适当的位置，按 Enter 键确定操作，效果如图 11-74 所示。在"图层"控制面板中生成新的图层并将其命名为"模切线"。

图 11-73

图 11-74

STEP 7 按 Ctrl+Alt+G 组合键，为"模切线"图层创建剪贴蒙版，图像效果如图 11-75 所示。将"模切线"图层拖曳到"图层"控制面板下方的"创建新图层"按钮 上进行复制，生成新的图层"模切线 拷贝"，如图 11-76 所示。

图 11-75

图 11-76

STEP 8 按 Ctrl+T 组合键，图像周围出现变换框，在变换框中单击鼠标右键，在弹出的菜单中选择"水平翻转"命令，水平翻转图片，效果如图 11-77 所示。按住 Shift 键的同时，水平向右拖曳图片到适当的位置，按 Enter 键确定操作，效果如图 11-78 所示。

图 11-77

图 11-78

STEP 9 选择"钢笔"工具，在属性栏的"选择工具模式"选项中选择"形状"，将"填充"颜色设置为白色，在图像窗口中绘制一个形状，效果如图 11-79 所示。在"图层"控制面板中生成新的形状图层并将其命名为"高光 1"。

图 11-79

STEP 10 在"图层"控制面板上方，将"高光 1"图层的"不透明度"选项设置为 21%，如图 11-80 所示，图像效果如图 11-81 所示。用相同的方法制作"高光 2"，效果如图 11-82 所示。

图 11-80

图 11-81

图 11-82

STEP 11 在"图层"控制面板中，按住 Shift 键的同时，选取"高光 2"图层和"包装模型"图层之间的所有图层，如图 11-83 所示。按 Ctrl+G 组合键，编组图层并将其命名为"包装"，如图 11-84 所示。

图 11-83

图 11-84

STEP 12 单击"图层"控制面板下方的"添加图层样式"按钮 _fx_ ，在弹出的菜单中选择"投影"命令，在弹出的对话框中进行设置，如图 11-85 所示。单击"确定"按钮，效果如图 11-86 所示。夹心饼干包装展示图制作完成。

STEP 13 按 Ctrl+S 组合键，弹出"另存为"对话框，将其命名为"夹心饼干包装展示图"，保存为 PSD 格式，单击"保存"按钮，弹出"Photoshop 格式选项"对话框，单击"确定"按钮，保存图像。

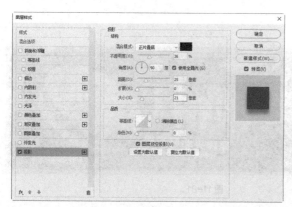

图 11-85

图 11-86

11.2 课后习题——冰激凌包装设计

🔍 习题知识要点

在 CorelDRAW 中，使用"选项"命令添加辅助线，使用"矩形"工具、"转换为曲线"命令和"形状"工具绘制包装平面展开图，使用"导入"命令添加素材图片，使用"文本"工具、"文本属性"泊坞窗添加产品名称和其他信息，使用"矩形"工具、"转角半径"选项和"文本"工具绘制标识；在 Photoshop 中，使用"置入嵌入对象"命令、"变换"命令、"图层的混合模式"选项制作包装立体展示图。效果如图 11-87所示。

🔍 效果所在位置

资源包 > Ch11 > 效果 > 冰激凌包装设计 > 冰激凌包装盒身/盒盖图案.cdr、冰激凌包装立体展示图.psd。

图 11-87

冰激凌包装设计 1

冰激凌包装设计 2

Photoshop CC
+
CorelDRAW X8

Chapter

12

第 12 章
网页设计

网页是构成网站的基本元素，是承载各种网站应用的平台。它实际上是一个文件，被存放在世界某个角落的某台计算机中，与互联网相连并通过网址来识别与存取。当用户输入网址后，浏览器快速运行一段程序，将网页文件传送到用户的计算机中，解释并展示网页的内容。本章以汽车工业类网页设计为例，讲解网页的制作方法和技巧。

课堂学习目标

● 掌握网页的设计
思路和过程

● 掌握网页的制作
方法和技巧

12.1 汽车工业类网页设计

案例学习目标

在 Photoshop 中，学习使用"变换"命令、"绘图"工具、"图层"控制面板制作背景、标志及导航条，使用"横排文字"工具添加宣传信息。

案例知识要点

在 Photoshop 中，使用"矩形"工具、"变换"命令、"描边"命令、"填充"选项、"矩形选框"工具和"渐变"工具制作背景效果，使用"椭圆"工具、"添加图层样式"按钮、"扩展"命令和"收缩"命令制作主体图片，使用"自定形状"工具、"矩形选框"工具绘制标志图形，使用"圆角矩形"工具、"添加图层样式"按钮和"横排文字"工具添加相关信息。汽车工业类网页设计效果如图 12-1 所示。

效果所在位置

资源包 > Ch12 > 效果 > 汽车工业类网页设计.psd。

图 12-1

12.1.1 制作背景效果 　Photoshop 应用

STEP 1 按 Ctrl+N 组合键，弹出"新建文档"对话框，设置宽度为 1100 像素，高度为 786 像素，分辨率为 72 像素/英寸，颜色模式为 RGB，背景内容为白色，单击"创建"按钮，新建一个文档。

STEP 2 新建图层并将其命名为"绿色块"。将前景色设置为绿色（其 R、G、B 的值分别为 194、215、50）。选择"矩形"工具 ▢，在属性栏的"选择工具模式"选项中选择"像素"，在图像窗口中的适当位置拖曳鼠标绘制图形，效果如图 12-2 所示。

STEP 3 按 Ctrl+T 组合键，在图像周围出现变换框，将鼠标放在变换框的控制手柄右上角，鼠标变为旋转图标 ↰，拖曳鼠标将图形旋转到适当的角度，按 Enter 键确定操作，效果如图 12-3 所示。

汽车工业类
网页设计 1

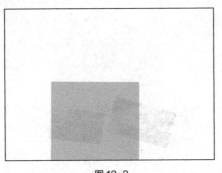

图 12-2

图 12-3

STEP 4 单击"图层"控制面板下方的"添加图层样式"按钮 *fx*，在弹出的"图层样式"对话框中选择"描边"命令，弹出描边窗口，将描边颜色设置为白色，其他选项的设置如图 12-4 所示。单击"确定"按钮，效果如图 12-5 所示。

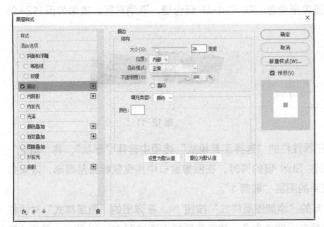

图 12-4

图 12-5

STEP 5 在"图层"控制面板上方，将"绿色块"图层的"填充"选项设置为 26%，如图 12-6 所示。按 Enter 键确定操作，效果如图 12-7 所示。

图 12-6

图 12-7

STEP 6 使用相同的方法制作其他色块，效果如图 12-8 所示。按 Ctrl + O 组合键，打开资源包中的"Ch12 > 素材 > 汽车工业类网页设计 > 01"文件，选择"移动"工具 ，将图片拖曳到图像窗口中适当的位置，效果如图 12-9 所示。在"图层"控制面板中生成新的图层并将其命名为"汽车 1"。

图 12-8

图 12-9

STEP 7 新建图层并将其命名为"渐变条"。选择"矩形选框"工具 ，在图像窗口中拖曳鼠标绘制选区，如图 12-10 所示。选择"渐变"工具 ，单击属性栏中的"点按可编辑渐变"按钮 ，弹出"渐变编辑器"对话框，将渐变色设置为从灰色（其 R、G、B 的值分别为 228、228、228）到白色，单击"确定"按钮。在图像窗口中由上向下拖曳渐变色。按 Ctrl+D 组合键，取消选区，效果如图 12-11 所示。

图 12-10

图 12-11

STEP 8 选择"椭圆"工具 ，在属性栏的"选择工具模式"选项中选择"形状"，将"填充"颜色设置为白色，"描边"颜色设置为无。按住 Shift 键的同时，在图像窗口中拖曳鼠标绘制圆形，效果如图 12-12 所示。在"图层"控制面板中生成新的图层"椭圆 1"。

STEP 9 单击"图层"控制面板下方的"添加图层样式"按钮 ，在弹出的"图层样式"对话框中选择"描边"命令，弹出描边窗口，将描边颜色设置为白色，其他选项的设置如图 12-13 所示。单击"确定"按钮，效果如图 12-14 所示。

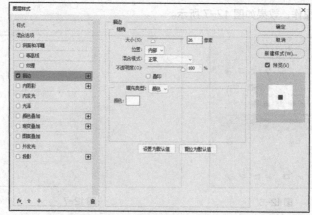

图 12-12

图 12-13

图 12-14

STEP 10 按 Ctrl+O 组合键，打开资源包中的"Ch12 > 素材 > 汽车工业类网页设计 > 02"文件，选择"移动"工具 ，将图片拖曳到图像窗口中适当的位置，效果如图 12-15 所示。在"图层"控制面板中生成新的图层并将其命名为"图片"。按 Alt+Ctrl+G 组合键，创建剪贴蒙版，效果如图 12-16 所示。

图 12-15   图 12-16

STEP 11 新建图层并将其命名为"环形"。按住 Ctrl 键的同时，单击"椭圆 1"图层的缩览图，在圆形周围生成选区，如图 12-17 所示。选择"选择 > 修改 > 扩展"命令，在弹出的"扩展选区"对话框中进行设置，如图 12-18 所示。单击"确定"按钮，效果如图 12-19 所示。

图 12-17   图 12-18   图 12-19

STEP 12 将前景色设置为白色。按 Alt+Delete 组合键，用前景色填充选区，效果如图 12-20 所示。选择"选择 > 修改 > 收缩"命令，在弹出的"收缩选区"对话框中进行设置，如图 12-21 所示。单击"确定"按钮，效果如图 12-22 所示。

图 12-20   图 12-21   图 12-22

STEP 13 按 Delete 键，删除选区中的图像，效果如图 12-23 所示。按 Ctrl+D 组合键，取消选区。单击"图层"控制面板下方的"添加图层样式"按钮 *fx*，在弹出的"图层样式"对话框中选择"投影"命令，在弹出的投影窗口中进行设置，如图 12-24 所示。单击"确定"按钮，效果如图 12-25 所示。

STEP 14 按 Ctrl＋O 组合键，打开资源包中的"Ch12 > 素材 > 汽车工业类网页设计 > 03"

文件，选择"移动"工具 ，将图片拖曳到图像窗口中适当的位置，效果如图 12-26 所示。在"图层"
控制面板中生成新的图层并将其命名为"汽车2"。

图 12-23

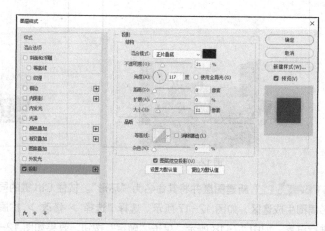

图 12-24

图 12-25

图 12-26

12.1.2 制作标志及导航条

STEP 1 新建图层并将其命名为"环形2"。将前景色设置为红色（其R、G、B
的值分别为230、30、29）。选择"自定形状"工具 ，单击属性栏中的"形状"选项，
弹出"形状"面板，单击面板右上方的按钮 ，在弹出的菜单中选择"全部"命令，弹
出提示对话框，单击"确定"按钮。在"形状"面板中选中需要的图形，如图 12-27 所
示。在属性栏的"选择工具模式"选项中选择"像素"，在图像窗口中拖曳鼠标绘制图形，
如图 12-28 所示。

汽车工业类
网页设计2

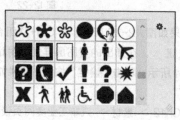

图 12-27

图 12-28

STEP 2 选择"矩形选框"工具 ，在适当的位置绘制矩形选区，如图 12-29 所示。按 Delete 键，删除选区中的图像，效果如图 12-30 所示。按 Ctrl+D 组合键，取消选区。

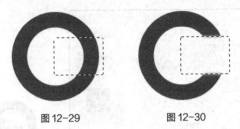

图 12-29　　　　图 12-30

STEP 3 选择"自定形状"工具 ，单击属性栏中的"形状"选项，弹出"形状"面板，选中需要的图形，如图 12-31 所示。在属性栏的"选择工具模式"选项中选择"形状"，将"填充"颜色设置为蓝色（其 R、G、B 的值分别为 17、130、175），"描边"颜色设置为无。在图像窗口中拖曳鼠标绘制图形，如图 12-32 所示，在"图层"控制面板中生成新的图层"形状 1"。

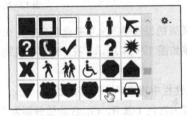 

图 12-31　　　　　　　　图 12-32

STEP 4 选择"圆角矩形"工具 ，在属性栏中将"半径"选项设置为 20px，在图像窗口中拖曳鼠标绘制圆角矩形。在属性栏中将"填充"颜色设置为白色，效果如图 12-33 所示。在"图层"控制面板中生成新的图层"圆角矩形 1"。

STEP 5 单击"图层"控制面板下方的"添加图层样式"按钮 ，在弹出的"图层样式"对话框中选择"内阴影"命令，弹出内阴影窗口，将阴影颜色设置为灰色（其 R、G、B 的值分别为 205、205、205），其他选项的设置如图 12-34 所示。

图 12-33　　　　　　　　图 12-34

STEP 6 在"图层样式"对话框中选择"投影"选项，弹出投影窗口，将投影颜色设置为灰色（其

R、G、B的值分别为205、205、205），其他选项的设置如图12-35所示。单击"确定"按钮，效果如图
12-36所示。

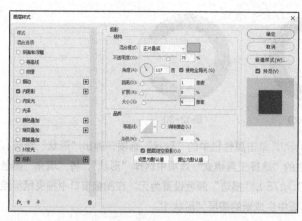

图12-35   图12-36

STEP▶7 选择"横排文字"工具 T.，在适当的位置输入文字并选取文字，在属性栏中选择合适
的字体并设置文字大小，设置文本颜色为黑色，效果如图12-37所示。在"图层"控制面板中生成新的文
字图层。

STEP▶8 选择"圆角矩形"工具 ◻.，在属性栏中将"半径"选项设置为2px，在图像窗口中拖曳
鼠标绘制圆角矩形。在属性栏中将"填充"颜色设置为灰色（其R、G、B的值分别为166、159、155），
效果如图12-38所示。在"图层"控制面板中生成新的图层"圆角矩形2"。

图12-37   图12-38

STEP▶9 选择"路径选择"工具 ▶.，按住Alt+Shift组合键的同时，将圆角矩形拖曳到适当的位
置，复制圆角矩形。用相同的方法再次复制圆角矩形，效果如图12-39所示。选择"横排文字"工具 T.，
在适当的位置输入文字并选取文字，在属性栏中选择合适的字体并设置文字大小，设置文本填充色为白色，
效果如图12-40所示。在"图层"控制面板中生成新的文字图层。

图12-39   图12-40

STEP▶10 选择"圆角矩形"工具 ◻.，在属性栏中将"填充"颜色设置为红色（其R、G、B的
值分别为194、25、31），"描边"颜色设置为无，"半径"选项设置为20px，在图像窗口中拖曳鼠标绘制
圆角矩形，效果如图12-41所示。在"图层"控制面板中生成新的图层"圆角矩形3"。

图12-41

STEP 11 单击"图层"控制面板下方的"添加图层样式"按钮 fx，在弹出的"图层样式"对话框中选择"内发光"命令，弹出内发光窗口，将发光颜色设置为红色（其 R、G、B 的值分别为 231、35、25），其他选项的设置如图 12-42 所示。

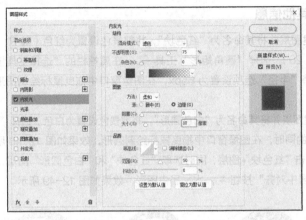

图 12-42

STEP 12 在"图层样式"对话框中选择"投影"选项，在弹出的投影窗口中进行设置，如图 12-43 所示。单击"确定"按钮，效果如图 12-44 所示。

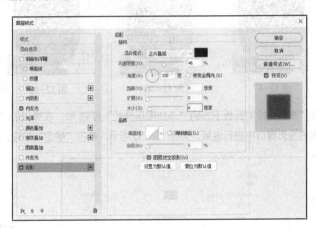

图 12-43

图 12-44

STEP 13 选择"横排文字"工具 T，在适当的位置输入需要的文字并选取文字，在属性栏中选择合适的字体并设置文字大小，设置文本填充色为白色，效果如图 12-45 所示。在"图层"控制面板中生成新的文字图层。选中文字"最新动态"，设置文本颜色为黄色（其 R、G、B 的值分别为 245、203、30），效果如图 12-46 所示。

首页　　最新动态　　焦点新闻　　媒体报道　　精彩下载　　关于我们

图 12-45

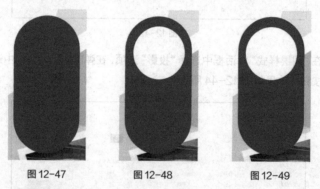

图 12-46

12.1.3　添加其他信息

STEP☑1 新建图层并将其命名为"红色块"，将前景色设置为红色（其 R、G、B
的值分别为 224、21、20）。选择"圆角矩形"工具 ▢，在属性栏的"选择工具模式"
选项中选择"像素"，将"半径"选项设置为 65px，在图像窗口中拖曳鼠标绘制图形，效
果如图 12-47 所示。

汽车工业类
网页设计 3

STEP☑2 新建图层并将其命名为"白色圆形"，将前景色设置为白色。选择"椭圆"
工具 ◯，按住 Shift 键的同时，在图像窗口中拖曳鼠标绘制圆形，效果如图 12-48 所示。
按住 Shift 键的同时，单击"红色块"图层，同时选取"红色块"和"白色圆形"图层，选择"移动"工具 ✛，
单击属性栏中的"水平居中对齐"按钮 ⬧，水平居中图形，效果如图 12-49 所示。

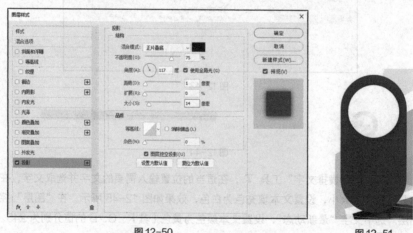

图 12-47　　　　　　　图 12-48　　　　　　　图 12-49

STEP☑3 单击"图层"控制面板下方的"添加图层样式"按钮 *fx*，在弹出的"图层样式"对话框中选
择"投影"命令，在弹出的投影窗口中进行设置，如图 12-50 所示。单击"确定"按钮，效果如图 12-51 所示。

图 12-50　　　　　　　　　　　　　　　　　　　　　　　　图 12-51

STEP☑4 按 Ctrl+O 组合键，打开资源包中的"Ch12 > 素材 > 汽车工业类网页设计 > 04"文件，
选择"移动"工具 ✛，将图片拖曳到图像窗口中适当的位置，效果如图 12-52 所示。在"图层"控制面板中
生成新的图层并将其命名为"轮胎"。按住 Shift 键的同时，单击"白色圆形"图层，同时选取"白色圆形"和"轮

胎"图层，选择"移动"工具 ⊕，单击属性栏中的"水平居中对齐"按钮 ╬ 和"垂直居中对齐"按钮 ⊪，居中对齐图像，效果如图 12-53 所示。

STEP 5 选择"横排文字"工具 T，在适当的位置输入文字并选取文字，在属性栏中分别选择合适的字体并设置文字大小，设置文本填充色为白色，效果如图 12-54 所示。在"图层"控制面板中分别生成新的文字图层。

图 12-52

图 12-53

图 12-54

STEP 6 选择"横排文字"工具 T，在适当的位置分别输入文字并选取文字，在属性栏中分别选择合适的字体并设置文字大小，设置文本颜色为红色（其 R、G、B 的值分别为 212、23、25），效果如图 12-55 所示。在"图层"控制面板中分别生成新的文字图层。分别选择文字"微汽车"和"Micro car"，按 Alt+←组合键，适当调整文字间距，效果如图 12-56 所示。

图 12-55

图 12-56

STEP 7 分别选择文字"10"和"1100"，在属性栏中选择合适的字体，效果如图 12-57 所示。选择"横排文字"工具 T，在适当的位置分别输入文字并选取文字，在属性栏中分别选择合适的字体并设置文字大小，设置文本颜色为红色（其 R、G、B 的值分别为 212、23、25）和灰色（其 R、G、B 的值分别为 147、147、147），效果如图 12-58 所示。在"图层"控制面板中分别生成新的文字图层。

图 12-57

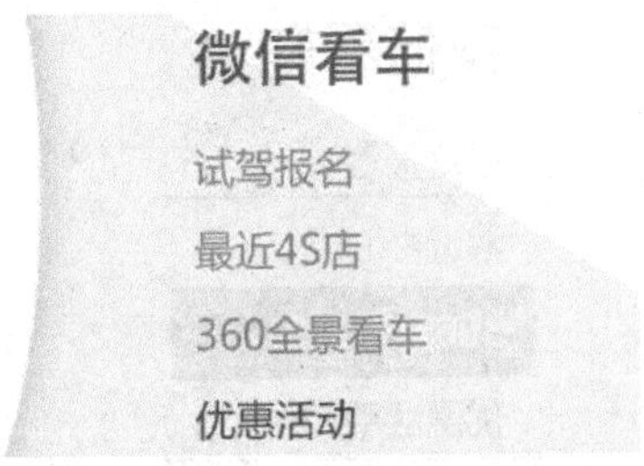

图 12-58

STEP 8 选择"矩形"工具 □，在属性栏的"选择工具模式"选项中选择"形状"，将"填充"颜色设置为红色（其R、G、B的值分别为230、30、29），"描边"颜色设置为无，在图像窗口中的适当位置拖曳鼠标绘制矩形，效果如图12-59所示。在"图层"控制面板中生成新的图层"矩形1"。将"矩形1"图层拖曳到"试驾报名……"图层的下方，效果如图12-60所示。

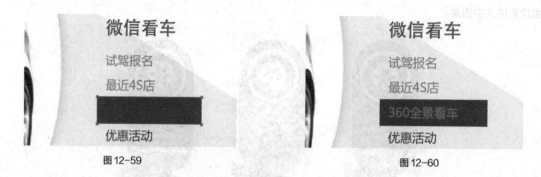

图12-59   图12-60

STEP 9 选择"横排文字"工具 T，选中文字"360全景看车"，设置文本颜色为白色，效果如图12-61所示。选择"直线"工具 ⁄，在属性栏中将"描边"颜色设置为红色（其R、G、B的值分别为230、30、29），"描边宽度"选项设置为2px。按住Shift键的同时，在适当的位置拖曳鼠标绘制直线，效果如图12-62所示。在"图层"控制面板中生成新的图层"形状2"。

图12-61   图12-62

STEP 10 选择"路径选择"工具 ▶，按住Alt+Shift组合键的同时，将直线拖曳到适当的位置，复制直线，效果如图12-63所示。选择"自定形状"工具 ✿，单击属性栏中的"形状"选项，弹出"形状"面板，选中需要的图形，在图像窗口中拖曳鼠标绘制图形，如图12-64所示。在属性栏中将"填充"颜色设置为红色（其R、G、B的值分别为230、30、29），"描边"颜色设置为无，在"图层"控制面板中生成新的图层"形状3"。

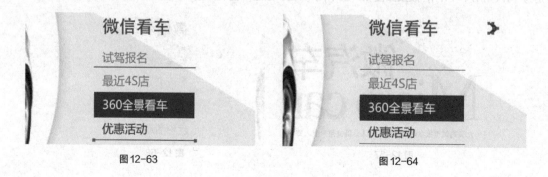

图12-63   图12-64

STEP 11 选择"路径选择"工具 ，按住 Alt+Shift 组合键的同时，将形状拖曳到适当的位置，复制形状，效果如图 12-65 所示。按 Ctrl+T 组合键，在图像周围出现变换框，单击鼠标右键，在弹出的菜单中选择"水平翻转"命令，水平翻转图像，按 Enter 键确定操作，效果如图 12-66 所示。

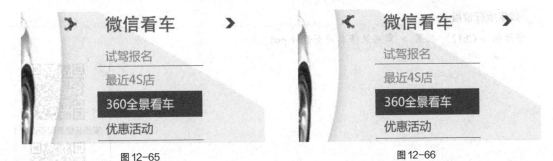

图 12-65   图 12-66

STEP 12 选择"横排文字"工具 ，在适当的位置输入文字并选取文字，在属性栏中选择合适的字体并设置文字大小，设置文本颜色为黑灰色（其 R、G、B 的值分别为 72、72、72），效果如图 12-67 所示。在"图层"控制面板中生成新的文字图层。

图 12-67

STEP 13 汽车工业类网页制作完成，效果如图 12-68 所示。按 Ctrl+S 组合键，弹出"另存为"对话框，将其命名为"汽车工业类网页设计"，保存为 PSD 格式，单击"保存"按钮，将图像保存。

图 12-68

12.2 课后习题——家居装修类网页设计

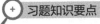 习题知识要点

在 Photoshop 中，使用"矩形"工具和"创建剪贴蒙版"命令制作广告栏，使用"钢笔"工具、"矩形"

工具、"文字"工具和"字符"面板制作导航栏和底部，使用"矩形"工具、"椭圆"工具和"圆角矩形"工具制作按钮图形，使用"矩形"工具、"椭圆"工具、"直线"工具和"创建剪贴蒙版"命令制作网页中心部分。效果如图12-69所示。

🔍 **效果所在位置**

  资源包 >Ch12> 效果 > 家居装修类网页设计.psd。

图12-69

家居装修类网页设计1

家居装修类网页设计2

家居装修类网页设计3

家居装修类网页设计4

家居装修类网页设计5

Photoshop CC + CorelDRAW X8

Chapter

13

第 13 章
UI 设计

用户界面（User Interface，UI）设计，主要包括人机交互、操作逻辑和界面美观的整体设计。随着信息技术的高速发展，用户对信息的需求量不断增加，图形界面的设计也越来越多样化。本章以美食类 App 首页和食品详情页设计为例，讲解 UI 界面的制作方法和技巧。

课堂学习目标

- 掌握 UI 界面的设计思路和过程

- 掌握 UI 界面的制作方法和技巧

13.1 美食类 App 首页设计

🔍 **案例学习目标**

在 Photoshop 中，学习使用"新建参考线版面"命令分割页面，使用"置入嵌入对象"命令、"绘图"工具、"添加图层样式"按钮制作美食类 App 首页。

🔍 **案例知识要点**

在 Photoshop 中，使用"新建参考线"命令添加水平参考线，使用"置入嵌入对象"命令添加素材图片，使用"圆角矩形"工具、"创建剪贴蒙版"命令制作图片蒙版效果，使用"横排文字"工具、"字符控制"面板添加文字内容。美食类 App 首页设计效果如图 13-1 所示。

🔍 **效果所在位置**

资源包 > Ch13 > 效果 > 美食类 App 首页设计.psd。

图 13-1

13.1.1 制作导航栏和搜索栏 　**Photoshop 应用**

STEP 1 按 Ctrl+N 组合键，弹出"新建文档"对话框，设置宽度为 750 像素，高度为 1334 像素，分辨率为 72 像素/英寸，颜色模式为 RGB，背景内容为灰色（其 R、G、B 的值分别为 239、241、244），单击"创建"按钮，新建一个文档，如图 13-2 所示。

美食类 App 首页设计 1

STEP 2 选择"视图 > 新建参考线版面"命令，弹出"新建参考线版面"对话框，选项的设置如图 13-3 所示。单击"确定"按钮，完成参考线的创建，效果如图 13-4 所示。

STEP 3 选择"文件 > 置入嵌入对象"命令，弹出"置入嵌入对象"对话框，选择资源包中的"Ch13 > 素材 > 美食类 App 首页设计 > 01"文件，单击"置入"按钮，将图片置入图像窗口中，拖曳到适当的位置并调整其大小，按 Enter 键确定操作，效果如图 13-5 所示。在"图层"控制面板中生成新的图层并将其命名为"状态栏"。

STEP 4 选择"视图 > 新建参考线"命令，弹出"新建参考线"对话框，在 128 像素（距上方参考线 88 像素）的位置建立水平参考线，设置如图 13-6 所示。单击"确定"按钮，完成参考线的创建。

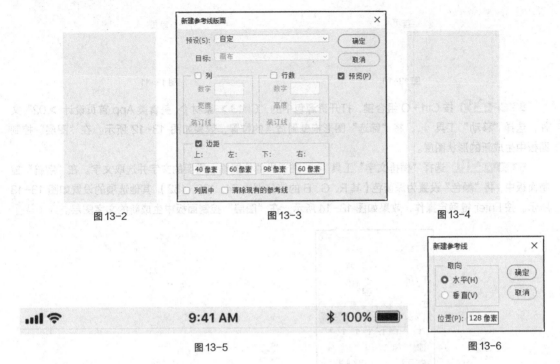

图13-2 　　　　　　　 图13-3 　　　　　　　 图13-4

图13-5 　　　　　　　　　　　　　　　　　　 图13-6

STEP 5 选择"横排文字"工具 T.，在距离上方参考线 28 像素的位置输入需要的文字并选取文字。选择"窗口 > 字符"命令，弹出"字符"控制面板，将"颜色"设置为蓝黑色（其 R、G、B 的值分别为 45、64、87），其他选项的设置如图 13-7 所示。按 Enter 键确定操作，效果如图 13-8 所示，在"图层"控制面板中生成新的文字图层。按 Ctrl+G 组合键，编组图层并将其命名为"导航栏"。

STEP 6 选择"视图 > 新建参考线"命令，弹出"新建参考线"对话框，在 304 像素（距上方参考线 176 像素）的位置建立水平参考线，选项的设置如图 13-9 所示。单击"确定"按钮，完成参考线的创建。

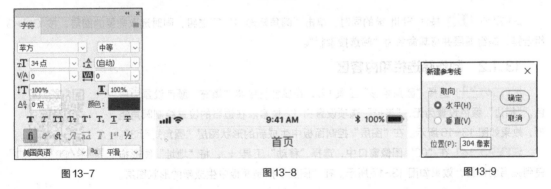

图13-7 　　　　　　　　 图13-8 　　　　　　　 图13-9

STEP 7 选择"圆角矩形"工具 ▢.，在属性栏的"选择工具模式"选项中选择"形状"，将"填充"颜色设置为白色，"描边"颜色设置为无，"半径"选项设置为 12 像素。在适当的位置绘制圆角矩形，效果如图 13-10 所示。在"图层"控制面板中生成新的形状图层"圆角矩形 1"。

STEP 8 用相同的方法再次绘制一个圆角矩形，如图 13-11 所示。在"图层"控制面板中生成新的形状图层"圆角矩形 2"。

图 13-10   图 13-11

STEP 9 按 Ctrl+O 组合键，打开资源包中的"Ch13 > 素材 > 美食类 App 首页设计 > 02"文件，选择"移动"工具 ⊹.，将"筛选"图形拖曳到适当的位置，效果如图 13-12 所示。在"图层"控制面板中生成新的形状图层。

STEP 10 选择"横排文字"工具 T.，在适当的位置输入需要的文字并选取文字。在"字符"控制面板中，将"颜色"设置为深蓝色（其 R、G、B 的值分别为 74、100、132），其他选项的设置如图 13-13 所示。按 Enter 键确定操作，效果如图 13-14 所示。在"图层"控制面板中生成新的文字图层。

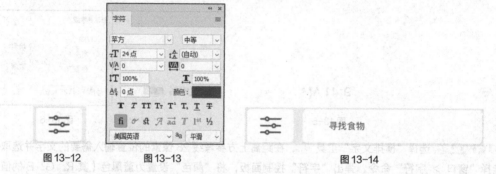

图 13-12   图 13-13   图 13-14

STEP 11 在"02"图像窗口中，选择"移动"工具 ⊹.，将"搜索"图形拖曳到适当的位置，效果如图 13-15 所示。在"图层"控制面板中生成新的形状图层。

图 13-15

STEP 12 按住 Shift 键的同时，单击"圆角矩形 1"图层组，同时选取需要的图层，按 Ctrl+G 组合键，编组图层并将其命名为"筛选搜索栏"。

13.1.2 制作筛选栏和内容区

STEP 1 选择"圆角矩形"工具 ▢.，在属性栏中将"填充"颜色设置为白色，"描边"颜色设置为无，"半径"选项设置为 12 像素。在适当的位置绘制圆角矩形，效果如图 13-16 所示。在"图层"控制面板中生成新的形状图层"圆角矩形 3"。

STEP 2 在"02"图像窗口中，选择"移动"工具 ⊹.，将"地址"图形拖曳到适当的位置，效果如图 13-17 所示。在"图层"控制面板中生成新的形状图层。

美食类 App 首页设计 2

图 13-16   图 13-17

STEP 3 选择"横排文字"工具 T.，在适当的位置输入需要的文字并选取文字。在"字符"面板中，将"颜色"设置为蓝黑色（其 R、G、B 的值分别为 45、64、87），其他选项的设置如图 13-18 所示。按 Enter 键确定操作，效果如图 13-19 所示。在"图层"控制面板中生成新的文字图层。

图 13-18

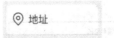

图 13-19

STEP 4 在"02"图像窗口中，选择"移动"工具 ⊕，将"展开"图形拖曳到适当的位置，效果如图 13-20 所示。在"图层"控制面板中生成新的形状图层。按住 Shift 键的同时，单击"圆角矩形 3"图层组，同时选取需要的图层，按 Ctrl+G 组合键，编组图层并将其命名为"地址"。

STEP 5 用相同的方法分别制作"价格"和"时间"图层组，效果如图 13-21 所示。按住 Shift 键的同时，单击"地址"图层组，同时选取需要的图层，按 Ctrl+G 组合键，编组图层并将其命名为"条件筛选栏"。

STEP 6 选择"视图 > 新建参考线"命令，弹出"新建参考线"对话框，在 436 像素（距上方参考线 132 像素）的位置建立水平参考线，选项的设置如图 13-22 所示。单击"确定"按钮，完成参考线的创建。

图 13-20 　　　　　　　　　　　　图 13-21 　　　　　　　　　　　　图 13-22

STEP 7 选择"横排文字"工具 T，在适当的位置输入需要的文字并选取文字。在"字符"控制面板中，将"颜色"设置为蓝黑色（其 R、G、B 的值分别为 45、64、87），其他选项的设置如图 13-23 所示，按 Enter 键确定操作。用相同的方法再次输入粉红色（其 R、G、B 的值分别为 249、60、100）文字，效果如图 13-24 所示。在"图层"控制面板中分别生成新的文字图层。

图 13-23 　　　　　　　　　　　　图 13-24

STEP 8 选择"视图 > 新建参考线"命令，弹出"新建参考线"对话框，在 910 像素（距上方参考线 474 像素）的位置建立水平参考线，选项的设置如图 13-25 所示。单击"确定"按钮，完成参考线的创建。

STEP 9 选择"圆角矩形"工具 ◻，在属性栏中将"填充"颜色设置为白色，"描边"颜色设置为无，"半径"选项设置为 24 像素。在适当的位置绘制圆角矩形，效果如图 13-26 所示。在"图层"控制面板中生成新的形状图层"圆角矩形 4"。

图 13-25　　　　　　　　　　图 13-26

STEP 10 单击"图层"控制面板下方的"添加图层样式"按钮 ƒx，在弹出的"图层样式"对话框中选择"投影"命令，弹出投影窗口，将投影颜色设置为灰色（其 R、G、B 的值分别为 97、97、98），其他选项的设置如图 13-27 所示。单击"确定"按钮，效果如图 13-28 所示。

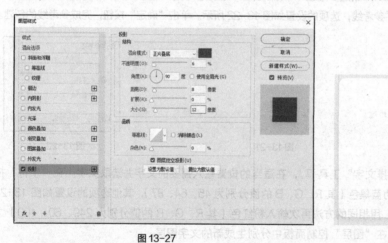

图 13-27　　　　　　　　　　图 13-28

STEP 11 选择"圆角矩形"工具 ◻，在属性栏中将"半径"选项设置为 24 像素，在适当的位置绘制圆角矩形。在属性栏中将"填充"颜色设置为蓝黑色（其 R、G、B 的值分别为 45、64、87），"描边"颜色设置为无，效果如图 13-29 所示。在"图层"控制面板中生成新的形状图层"圆角矩形 5"。

STEP 12 选择"文件 > 置入嵌入对象"命令，弹出"置入嵌入对象"对话框，选择资源包中的"Ch13 > 素材 > 美食类 App 首页设计 > 03"文件，单击"置入"按钮，将图片置入图像窗口中，拖曳到适当的位置并调整其大小，按 Enter 键确定操作，在"图层"控制面板中生成新的图层并将其命名为"沙拉"。按 Alt+Ctrl+G 组合键，为"沙拉"图层创建剪贴蒙版，效果如图 13-30 所示。

图 13-29　　　　　　　　　　　　　　　图 13-30

STEP✐13] 选择 "横排文字" 工具 T.，在距离上方图形 40 像素的位置输入需要的文字并选取文字。在 "字符" 控制面板中，将 "颜色" 设置为蓝黑色（其 R、G、B 的值分别为 45、64、87），其他选项的设置如图 13-31 所示。按 Enter 键确定操作，效果如图 13-32 所示。在 "图层" 控制面板中生成新的文字图层。

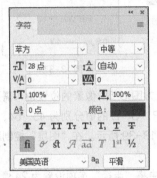

图 13-31　　　　　　　　　　　　　　　图 13-32

STEP✐14] 在 "02" 图像窗口中，选择 "移动" 工具 ✛.，将 "时间" 图形拖曳到适当的位置，效果如图 13-33 所示。在 "图层" 控制面板中生成新的形状图层。

STEP✐15] 选择 "横排文字" 工具 T.，在适当的位置分别输入需要的文字并选取文字。在 "字符" 控制面板中，将 "颜色" 设置为浅蓝色（其 R、G、B 的值分别为 100、124、153），其他选项的设置如图 13-34 所示，按 Enter 键确定操作，在 "图层" 控制面板中分别生成新的文字图层。用相同的方法再次输入洋红色（其 R、G、B 的值分别为 249、60、100）文字，效果如图 13-35 所示。

薄荷沙拉
🕐

薄荷沙拉
🕐 30-45 分钟　　　　　　　¥ 26.00

图 13-33　　　　　　　　　图 13-34　　　　　　　　　图 13-35

STEP 16 按住 Shift 键的同时，单击"圆角矩形 4"图层组，同时选取需要的图层，按 Ctrl+G 组合键，编组图层并将其命名为"薄荷沙拉"。用相同的方法分别制作"意大利面"和"烤肉"图层组，效果如图 13-36 所示。

STEP 17 按住 Shift 键的同时，单击"今日特价"图层组，同时选取需要的图层，按 Ctrl+G 组合键，编组图层并将其命名为"今日特价"。

STEP 18 选择"视图 > 新建参考线"命令，弹出"新建参考线"对话框，在 1040 像素（距上方参考线 130 像素）的位置建立水平参考线，选项的设置如图 13-37 所示。单击"确定"按钮，完成参考线的创建。

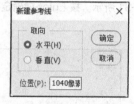

图 13-36　　　　　　　　　　　　　图 13-37

STEP 19 选择"横排文字"工具 **T.**，在距离上方图形 56 像素的位置输入需要的文字并选取文字。在"字符"面板中，将"颜色"设置为蓝黑色（其 R、G、B 的值分别为 45、64、87），其他选项的设置如图 13-38 所示。按 Enter 键确定操作，效果如图 13-39 所示。在"图层"控制面板中生成新的文字图层。

STEP 20 选择"圆角矩形"工具 **□.**，在属性栏中将"半径"选项设置为 24 像素，在适当的位置绘制圆角矩形，在"图层"控制面板中生成新的形状图层"圆角矩形 6"。在属性栏中将"填充"颜色设置为蓝黑色（45、64、87），"描边"颜色设置为无，效果如图 13-40 所示。

图 13-38　　　　　　　　图 13-39　　　　　　　　图 13-40

STEP 21 单击"图层"控制面板下方的"添加图层样式"按钮 *fx.*，在弹出的"图层样式"对话框中选择"渐变叠加"命令，弹出对应窗口，单击"渐变"选项右侧的"点按可编辑渐变"按钮 ▬▬▬▬ ，弹出"渐变编辑器"对话框，在"位置"选项中分别输入 0、100 两个位置点，分别设置两个位置点颜色的 RGB 值为 0 对应（244、93、127）、100 对应（240、116、174），如图 13-41 所示，单击"确定"按钮。返回到"渐变叠加"窗口，其他选项的设置如图 13-42 所示。单击"确定"按钮，效果如图 13-43 所示。

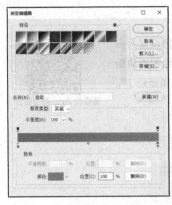

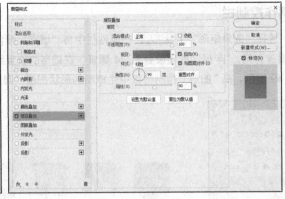

图 13-41 · · · · · · · · · · · · · · 图 13-42 · · · · · · · · · · · · · · 图 13-43

STEP 22 在 "02" 图像窗口中，选择 "移动" 工具 ⊕ ，将 "早茶" 图形拖曳到适当的位置，效果如图 13-44 所示。在 "图层" 控制面板中生成新的形状图层。

STEP 23 选择 "横排文字" 工具 T.，在距离上方图形 36 像素的位置输入需要的文字并选取文字。在 "字符" 面板中，将 "颜色" 设置为蓝黑色（其 R、G、B 的值分别为 45、64、87），其他选项的设置如图 13-45 所示。按 Enter 键确定操作，效果如图 13-46 所示。在 "图层" 控制面板中生成新的文字图层。

图 13-44 · · · · · · · · · · · · · · 图 13-45 · · · · · · · · · · · · · · 图 13-46

STEP 24 按住 Shift 键的同时，单击 "圆角矩形 6" 图层组，同时选取需要的图层，按 Ctrl+G 组合键，编组图层并将其命名为 "早茶"。用相同的方法分别制作 "午餐""水果""比萨" 图层组，效果如图 13-47 所示。

图 13-47

STEP 25 按住 Shift 键的同时，单击 "按种类选择" 图层组，同时选取需要的图层，按 Ctrl+G 组合键，编组图层并将其命名为 "按种类选择"。按住 Shift 键的同时，单击 "今日特价" 图层组，同时选取需要的图层，按 Ctrl+G 组合键，编组图层并将其命名为 "内容区"，如图 13-48 所示。

13.1.3 制作控制栏

STEP 1 选择"圆角矩形"工具 ◻，在属性栏中将"填充"颜色设置为白色，"描边"颜色设置为无，"半径"选项设置为 24 像素。在适当的位置绘制圆角矩形，效果如图 13-49 所示。在"图层"控制面板中生成新的形状图层"圆角矩形 7"。

美食类 App 首页设计 3

图 13-48   图 13-49

STEP 2 单击"图层"控制面板下方的"添加图层样式"按钮 _fx_，在弹出的"图层样式"中选择"投影"命令，在弹出的投影窗口中，将投影颜色设置为灰色（其 R、G、B 的值分别为 97、97、98），其他选项的设置如图 13-50 所示。单击"确定"按钮，效果如图 13-51 所示。

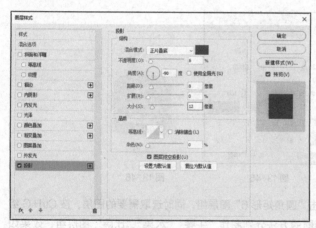

图 13-50   图 13-51

STEP 3 在"02"图像窗口中，选择"移动"工具 ✛，将"主页"图形拖曳到适当的位置，效果如图 13-52 所示。在"图层"控制面板中生成新的形状图层。

图 13-52

STEP 4 选择"横排文字"工具 T，在距离上方图形 40 像素的位置输入需要的文字并选取文字。在"字符"面板中，将"颜色"设置为粉红色（其 R、G、B 的值分别为 249、60、100），其他选项的设置如图 13-53 所示。按 Enter 键确定操作，效果如图 13-54 所示。在"图层"控制面板中生成新的文字图层。

STEP 5 按住 Shift 键的同时，单击"主页"图层组，同时选取需要的图层，按 Ctrl+G 组合键，编组图层并将其命名为"主页"。

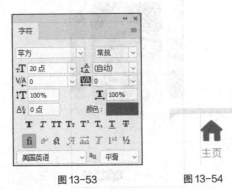

图 13-53　　　　　　　　　　图 13-54

STEP 6 用相同的方法分别制作"喜欢""购物车""我的"图层组，如图 13-55 所示，效果如图 13-56 所示。按住 Shift 键的同时，单击"圆角矩形 7"图层组，同时选取需要的图层，按 Ctrl+G 组合键，编组图层并将其命名为"控制栏"，如图 13-57 所示。

图 13-55　　　　　　　　　　　　　　图 13-56　　　　　　　　　　　　　　图 13-57

STEP 7 美食类 App 首页制作完成。按 Ctrl+S 组合键，弹出"另存为"对话框，将其命名为"美食类 App 首页设计"，保存为 PSD 格式。单击"保存"按钮，弹出"Photoshop 格式选项"对话框，单击"确定"按钮，保存文件。

13.2　美食类 App 食品详情页设计

⊕ 案例学习目标

在 Photoshop 中，学习"新建参考线版面"命令分割页面，使用"置入嵌入对象"命令、"绘图"工具、"添加图层样式"按钮制作美食类 App 食品详情页。

⊕ 案例知识要点

在 Photoshop 中，使用"新建参考线"命令添加水平参考线，使用"置入嵌入对象"命令添加美食图片，使用"圆角矩形"工具、"创建剪贴蒙版"命令、"横排文字"工具制作 Banner，使用"圆角矩形"工具、"投影"命令、"横排文字"工具制作购物车。美食类 App 食品详情页设计效果如图 13-58 所示。

⊕ 效果所在位置

资源包 > Ch13 > 效果 > 美食类 App 食品详情页设计.psd。

图 13-58

13.2.1　制作导航栏和 Banner　Photoshop 应用

STEP 1 按 Ctrl+N 组合键，弹出"新建文档"对话框，设置宽度为 750 像素，
高度为 1334 像素，分辨率为 72 像素/英寸，颜色模式为 RGB，背景内容为灰色（其 R、G、
B 的值分别为 239、241、244），单击"创建"按钮，新建一个文档，如图 13-59 所示。

STEP 2 选择"视图 > 新建参考线版面"命令，弹出"新建参考线版面"对话
框，选项的设置如图 13-60 所示。单击"确定"按钮，完成参考线的创建，效果如图 13-61
所示。

美食类 App 食品
详情页设计 1

图 13-59

图 13-60

图 13-61

STEP 3 选择"文件 > 置入嵌入对象"命令，弹出"置入嵌入对象"对话框，选择资源包中的
"Ch13 > 素材 > 美食类 App 食品详情页设计 > 01"文件，单击"置入"按钮，将图片置入图像窗口中，
拖曳到适当的位置并调整其大小，按 Enter 键确定操作，效果如图 13-62 所示。在"图层"控制面板中生
成新的图层并将其命名为"状态栏"。

📶📶 9:41 AM ＊ 100% 🔋

图 13-62

STEP 4 选择"视图 > 新建参考线"命令，弹出"新建参考线"对话框，在 128 像素（距上方参考

线88像素)的位置建立水平参考线,选项的设置如图13-63所示。单击"确定"按钮,完成参考线的创建。

STEP 5 按Ctrl+O组合键,打开资源包中的"Ch13 > 素材 > 美食类App食品详情页设计 > 02"文件,选择"移动"工具 ⊕,将"返回"和"喜欢"图形分别拖曳到适当的位置,效果如图13-64所示。在"图层"控制面板中分别生成新的形状图层。

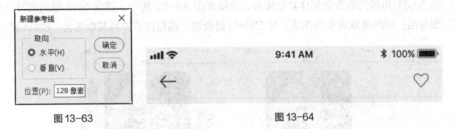

图13-63   图13-64

STEP 6 选择"横排文字"工具 T,在距离上方参考线28像素的位置输入需要的文字并选取文字。选择"窗口 > 字符"命令,打开"字符"控制面板,将"颜色"设置为蓝黑色(其R、G、B的值分别为45、64、87),其他选项的设置如图13-65所示。按Enter键确定操作,效果如图13-66所示。在"图层"控制面板中生成新的文字图层。按住Shift键的同时,单击"返回"图层组,同时选取需要的图层,按Ctrl+G组合键,编组图层并将其命名为"导航栏"。

图13-65   图13-66

STEP 7 选择"视图 > 新建参考线"命令,弹出"新建参考线"对话框,在800像素(距上方参考线672像素)的位置建立水平参考线,选项的设置如图13-67所示。单击"确定"按钮,完成参考线的创建。

STEP 8 选择"圆角矩形"工具 ▢,在属性栏的"选择工具模式"选项中选择"形状",将"填充"颜色设置为灰色(其R、G、B的值分别为129、140、154),"描边"颜色设置为无,"半径"选项设置为56像素,在适当的位置绘制圆角矩形,效果如图13-68所示。在"图层"控制面板中生成新的形状图层"圆角矩形1"。

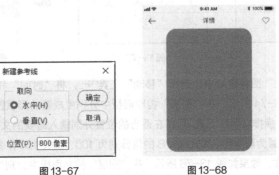

图13-67   图13-68

STEP 9 选择"文件 > 置入嵌入对象"命令，弹出"置入嵌入对象"对话框，选择资源包中的
"Ch13 > 素材 > 美食类 App 食品详情页设计 > 03"文件，单击"置入"按钮，将图片置入图像窗口中，
拖曳到适当的位置并调整其大小，按 Enter 键确定操作，在"图层"控制面板中生成新的图层并将其命名
为"图 1"。按 Alt+Ctrl+G 组合键，为"图 1"图层创建剪贴蒙版，效果如图 13-69 所示。

STEP 10 用相同的方法制作其他图形，效果如图 13-70 所示。按住 Shift 键的同时，单击"圆
角矩形 1"图层组，同时选取需要的图层，按 Ctrl+G 组合键，编组图层并将其命名为"Banner"。

图 13-69　　　　　　　　　　　　　　图 13-70

13.2.2　添加详细信息

STEP 1 选择"视图 > 新建参考线"命令，弹出"新建参考线"对话框，在 856
像素（距上方参考线 56 像素）的位置建立水平参考线，选项设置如图 13-71 所示。单击
"确定"按钮，完成参考线的创建。

STEP 2 选择"横排文字"工具，在适当的位置输入需要的文字并选取文字。
在"字符"面板中，将"颜色"设置为蓝黑色（其 R、G、B 的值分别为 45、64、87），
其他选项的设置如图 13-72 所示，按 Enter 键确定操作。用相同的方法再次在适当的位置输入粉红色（其
R、G、B 的值分别为 249、60、100）文字，效果如图 13-73 所示。在"图层"控制面板中分别生成新的
文字图层。

美食类 App 食品
详情页设计 2

图 13-71　　　　　　　　　　图 13-72　　　　　　　　　　图 13-73

STEP 3 在"02"图像窗口中，选择"移动"工具，将"时间"和"重量"图形分别拖曳到
适当的位置，效果如图 13-74 所示。在"图层"控制面板中分别生成新的形状图层。

STEP 4 选择"横排文字"工具，在适当的位置分别输入需要的文字并选取文字。在"字符"
控制面板中，将"颜色"设置为蓝黑色（其 R、G、B 的值分别为 100、124、153），其他选项的设置如图 13-75
所示。按 Enter 键确定操作，效果如图 13-76 所示。在"图层"控制面板中分别生成新的文字图层。

图 13-74　　　　　　　　图 13-75　　　　　　　　图 13-76

STEP⤵5 选择"直线"工具，在属性栏中将"填充"颜色设置为蓝黑色（其 R、G、B 的值分别为 100、124、153），"描边"颜色设置为无，"粗细"选项设置为 1 像素。按住 Shift 键的同时，在图像窗口中适当的位置绘制直线，如图 13-77 所示。在"图层"控制面板中生成新的形状图层"形状 1"。

STEP⤵6 在"02"图像窗口中，选择"移动"工具，将"蔬菜"图形拖曳到适当的位置，效果如图 13-78 所示。在"图层"控制面板中生成新的形状图层。

图 13-77　　　　　　　　图 13-78

STEP⤵7 用相同的方法输入其他文字，效果如图 13-79 所示。在"图层"控制面板中生成新的文字图层。选取需要的文字，在"字符"控制面板中，将"颜色"设置为粉红色（其 R、G、B 的值分别为 249、60、100），其他选项的设置如图 13-80 所示。按 Enter 键确定操作，效果如图 13-81 所示。按住 Shift 键的同时，单击"黑橄榄薄荷叶拼盘沙拉"图层组，同时选取需要的图层，按 Ctrl+G 组合键，编组图层并将其命名为"详细信息"。

图 13-79　　　　　　　　图 13-80　　　　　　　　图 13-81

13.2.3　制作购物车

STEP⤵1 选择"圆角矩形"工具，在属性栏中将"填充"颜色设置为白色，"描边"颜色设置为无，"半径"选项设置为 56 像素。在适当的位置绘制圆角矩形，在"图层"控制面板中生成新的形状图层"圆角矩形 3"。

美食类 App 食品
详情页设计 3

STEP⤵2 单击"图层"控制面板下方的"添加图层样式"按钮，在弹出的"图层样式"对话框中选择"投影"命令，弹出投影窗口，将投影颜色设置为黑色，其他选项的设置如图 13-82 所示。单击"确定"按钮，效果如图 13-83 所示。

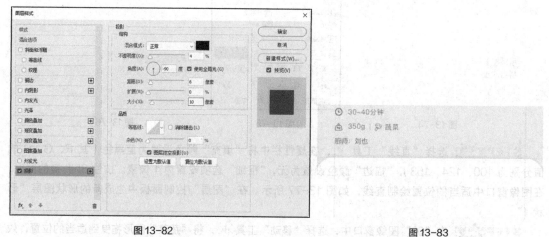

图 13-82   图 13-83

STEP 3 选择"横排文字"工具 T. ，在适当的位置输入需要的文字并选取文字。在"字符"控制面板中，将"颜色"设置为蓝黑色（其 R、G、B 的值分别为 45、64、87），其他选项的设置如图 13-84 所示。按 Enter 键确定操作，效果如图 13-85 所示。在"图层"控制面板中生成新的文字图层。

图 13-84   图 13-85

STEP 4 在"02"图像窗口中，选择"移动"工具 ⊕. ，将"向上展开"图形拖曳到适当的位置，效果如图 13-86 所示。在"图层"控制面板中生成新的形状图层。

STEP 5 选择"圆角矩形"工具 ▢. ，在属性栏中将"半径"选项设置为 56 像素，"粗细"选项设置为 1 像素，在适当的位置绘制圆角矩形，在"图层"控制面板中生成新的形状图层"圆角矩形 4"。在属性栏中将"填充"颜色设置为无，"描边"颜色设置为粉红色（其 R、G、B 的值分别为 249、60、100），如图 13-87 所示。

图 13-86   图 13-87

STEP 6 选择"移动"工具 ⊕. ，按住 Alt+Shift 组合键的同时，将其拖曳到适当的位置，复制图形，在"图层"控制面板中生成新的形状图层"圆角矩形 4 拷贝"。在属性栏中将"填充"颜色设置为粉红色（其 R、G、B 的值分别为 249、60、100），"描边"颜色设置为无，效果如图 13-88 所示。

图 13-88

STEP 7 选择"横排文字"工具，在适当的位置输入需要的文字并选取文字。在"字符"面板中，将"颜色"设置为粉红色（其 R、G、B 的值分别为 249、60、100），其他选项的设置如图 13-89 所示。按 Enter 键确定操作，效果如图 13-90 所示。在"图层"控制面板中生成新的文字图层。

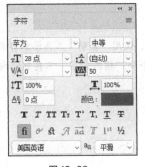

图 13-89

图 13-90

STEP 8 单击"图层"控制面板下方的"添加图层样式"按钮，在弹出的"图层样式"对话框中选择"投影"命令，弹出投影窗口，将投影颜色设置为黑色，其他选项的设置如图 13-91 所示。单击"确定"按钮，效果如图 13-92 所示。

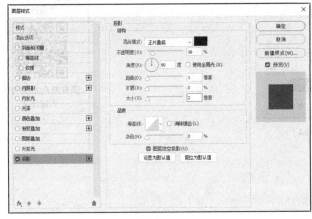

图 13-91

图 13-92

STEP 9 用相同的方法输入其他文字并添加投影，效果如图 13-93 所示。按住 Shift 键的同时，单击"圆角矩形 3"图层组，同时选取需要的图层，按 Ctrl+G 组合键，编组图层并将其命名为"购物车"。

图 13-93

STEP 10 美食类 App 食品详情页制作完成。按 Ctrl+S 组合键，弹出"另存为"对话框，将其命名为"美食类 App 食品详情页设计"，保存为 PSD 格式。单击"保存"按钮，弹出"Photoshop 格式选项"对话框，单击"确定"按钮，保存文件。

13.3 课后习题——美食类 App 购物车页设计

习题知识要点

在 Photoshop 中，使用"新建参考线版面"命令分割页面，使用"移动"工具添加各类图标，使用"圆角矩形"工具、"置入嵌入对象"命令、"创建剪贴蒙版"命令和"横排文字"工具制作内容区和控制栏。效果如图 13-94 所示。

效果所在位置

资源包 >Ch13> 效果 > 美食类 App 购物车页设计.psd。

图 13-94

美食类 App 购物车页设计 1

美食类 App 购物车页设计 2

Photoshop CC

CorelDRAW X8

Chapter

14

第 14 章
VI 设计

VI 是企业形象设计的整合。它通过具体的符号充分地表达企业理念、文化素质、企业规范等抽象概念，以标准化、系统化、统一化的方式塑造良好的企业形象，传播企业文化。本章以鲸鱼汉堡企业 VI 设计为例，讲解 VI 的设计方法和制作技巧。

课堂学习目标

- 掌握 VI 的设计思路和过程
- 掌握 VI 的制作方法和技巧

14.1 鲸鱼汉堡企业 VI 设计 A 部分

案例学习目标

在 CorelDRAW 中，学习使用"绘图"工具、"文本"工具、"文本属性"泊坞窗、"对齐与分布"命令、"平行度量"工具和"对象属性"泊坞窗制作企业 VI 设计 A 部分。

案例知识要点

在 CorelDRAW 中，使用"矩形"工具、"2 点线"工具、"文本"工具和"文本属性"泊坞窗制作模板，使用"颜色滴管"工具制作颜色标注图标的填充效果，使用"矩形"工具、"2 点线"工具和"变换"泊坞窗制作预留空间框，使用"平行度量"工具标注最小比例，使用"混合"工具混合矩形制作辅助色。企业 VI 设计 A 部分效果如图 14-1 所示。

效果所在位置

资源包 ＞Ch14 ＞效果 ＞鲸鱼汉堡企业 VI 设计 A 部分 ＞VI 设计 A 部分.cdr。

图 14-1

14.1.1 制作企业标志　CorelDRAW 应用

STEP 1 打开 CorelDRAW X8 软件，按 Ctrl+N 组合键，新建一个 A4 页面，如图 14-2 所示。选择"布局 ＞重命名页面"命令，在弹出的"重命名页面"对话框中进行设置，如图 14-3 所示。单击"确定"按钮，重命名页面。

鲸鱼汉堡企业 VI 设计
A 部分 1

图 14-2   图 14-3

STEP 2 选择 "矩形" 工具 ▢ ，在页面上方绘制一个矩形，如图 14-4 所示。设置图形颜色的 CMYK 值为 0、87、100、0，填充图形，并去除图形的轮廓线，效果如图 14-5 所示。

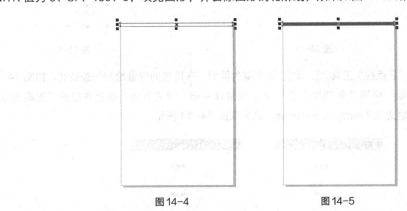

图 14-4   图 14-5

STEP 3 选择 "选择" 工具 ▶ ，按数字键盘上的 + 键，复制矩形。向左拖曳复制的矩形右侧中间的控制手柄到适当的位置，调整其大小，效果如图 14-6 所示。在 "CMYK 调色板" 中的 "红" 色块上单击鼠标左键，填充图形，效果如图 14-7 所示。

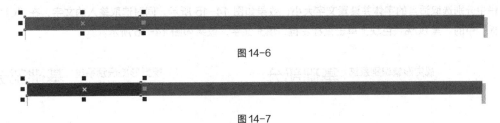

图 14-6

图 14-7

STEP 4 选择 "选择" 工具 ▶ ，选取橘红色矩形，如图 14-8 所示。按数字键盘上的 + 键，复制矩形。按住 Shift 键的同时，垂直向下拖曳复制的矩形到适当的位置，效果如图 14-9 所示。在 "CMYK 调色板" 中的 "红" 色块上单击鼠标左键，填充图形，效果如图 14-10 所示。

STEP 5 选择 "文本" 工具 字 ，在适当的位置输入需要的文字。选择 "选择" 工具 ▶ ，在属性栏中选取适当的字体并设置文字大小，效果如图 14-11 所示。在 "CMYK 调色板" 中的 "黑 20%" 色块上单击鼠标左键，填充文字，效果如图 14-12 所示。

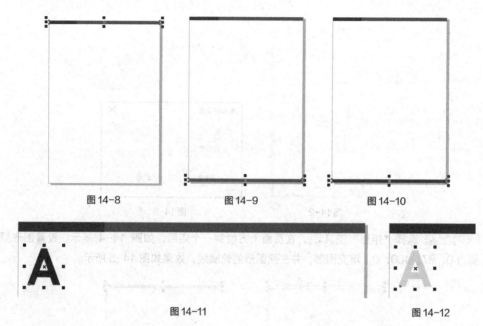

图14-8　　　　　　　　図14-9　　　　　　　　図14-10

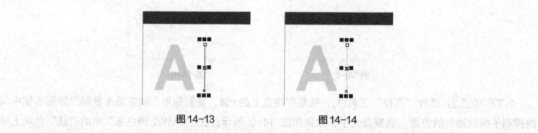

图14-11　　　　　　　　　　　　　　　　图14-12

STEP 6 选择"2点线"工具，按住 Shift 键的同时，在适当的位置绘制一条竖线，如图 14-13 所示。在"CMYK 调色板"中的"黑 20%"色块上单击鼠标左键，填充直线。在属性栏的"轮廓宽度"框 0.2 mm 中设置数值为 0.4 mm，按 Enter 键，效果如图 14-14 所示。

图14-13　　　　　　　　图14-14

STEP 7 选择"文本"工具，在适当的位置分别输入需要的文字。选择"选择"工具，在属性栏中分别选取适当的字体并设置文字大小，效果如图 14-15 所示。同时选取输入的文字，在"CMYK 调色板"中的"黑 80%"色块上单击鼠标左键，填充文字，效果如图 14-16 所示。

视觉形象识别系统
Visual Identification System
基础部分

视觉形象识别系统
Visual Identification System
基础部分

图14-15　　　　　　　　　　　　　　　　图14-16

STEP 8 选择"选择"工具，选取文字"视觉形象识别系统"，选择"文本 > 文本属性"命令，在弹出的"文本属性"泊坞窗中进行设置，如图 14-17 所示。按 Enter 键，效果如图 14-18 所示。

STEP 9 选择"2点线"工具，按住 Shift 键的同时，在适当的位置绘制一条竖线，如图 14-19 所示。在"CMYK 调色板"中的"黑 80%"色块上单击鼠标左键，填充直线。在属性栏的"轮廓宽度"框 .2 mm 中设置数值为 0.3 mm，按 Enter 键，效果如图 14-20 所示。

图 14-17

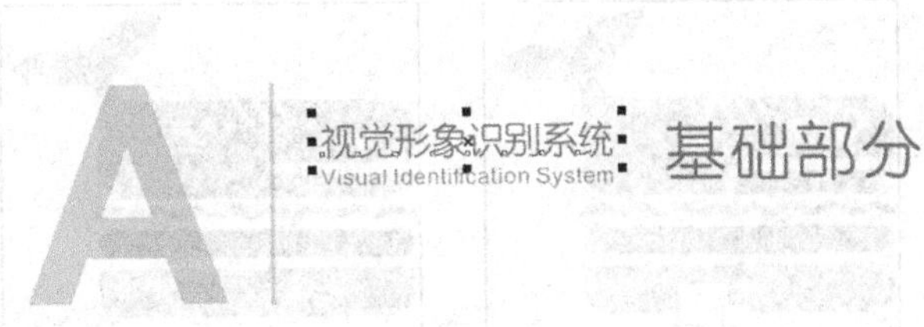

图 14-18

图 14-19

图 14-20

STEP 10 选择"文本"工具 字，在适当的位置输入需要的文字。选择"选择"工具 ，在属性栏中选取适当的字体并设置文字大小，效果如图 14-21 所示。在"CMYK 调色板"中的"黑 90%"色块上单击鼠标左键，填充文字，效果如图 14-22 所示。

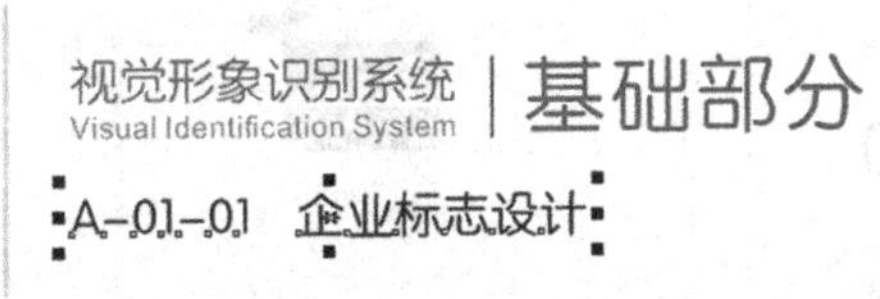

图 14-21

图 14-22

STEP 11 按 Ctrl+O 组合键，弹出"打开绘图"对话框，选择资源包中的"Ch03 > 效果 > 鲸鱼汉堡标志设计 > 鲸鱼汉堡标志.cdr"文件，单击"打开"按钮，打开文件。选择"选择"工具 ，选取标志图形，按 Ctrl+C 组合键，复制图形。返回到正在编辑的页面，按 Ctrl+V 组合键，粘贴图形。

STEP 12 选择"选择"工具 ，将标志图形拖曳到适当的位置，并调整其大小，效果如图 14-23 所示。选择"矩形"工具 ，按住 Ctrl 键的同时，在适当的位置绘制一个正方形，如图 14-24 所示。

图 14-23

图 14-24

STEP 13 选择"颜色滴管"工具，将鼠标放置在上方标志图形上，光标变为图标，如图14-25所示。在图形上单击吸取颜色，光标变为图标，如图14-26所示。在下方矩形上单击鼠标左键，填充图形，并去除图形的轮廓线，效果如图14-27所示。

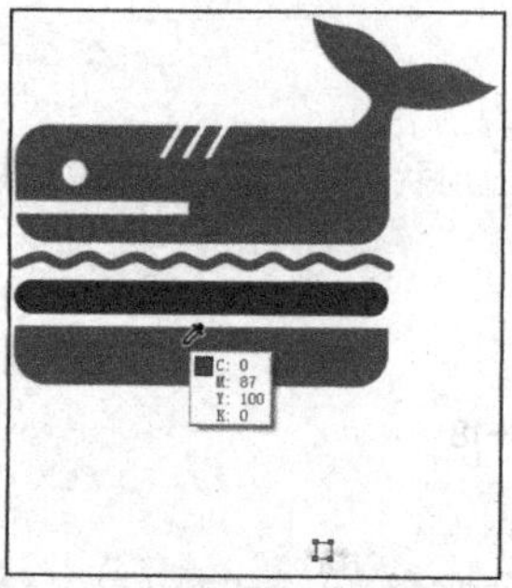
C: 0
M: 87
Y: 100
K: 0

图14-25

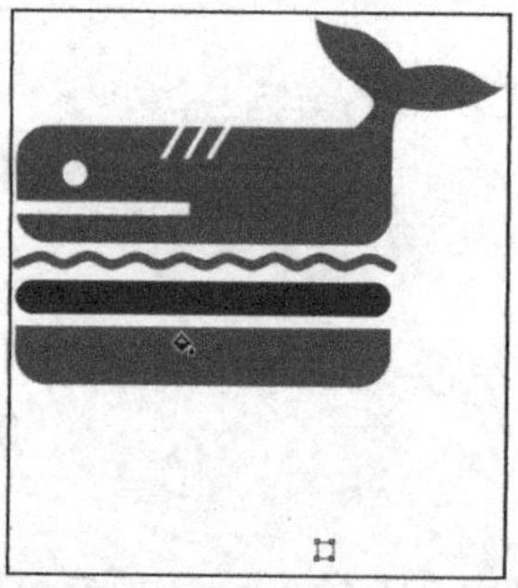

图14-26

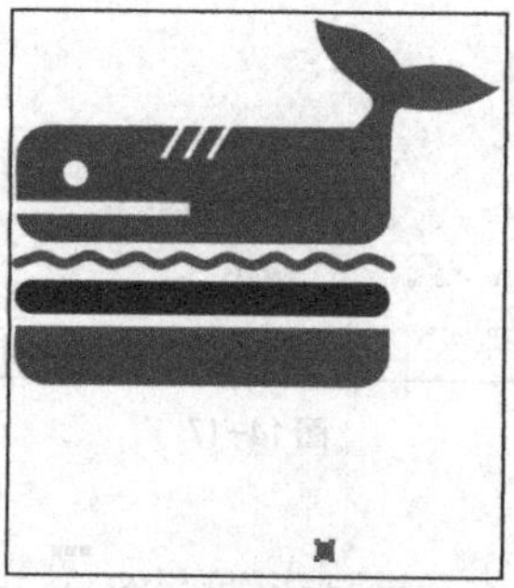

图14-27

STEP 14 选择"文本"工具，在矩形的右侧输入需要的文字。选择"选择"工具，在属性栏中选取适当的字体并设置文字大小，如图14-28所示。用相同的方法制作下方的色值标注，如图14-29所示。企业标志设计制作完成，效果如图14-30所示。

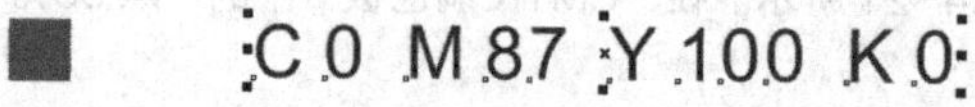
C 0 M 87 Y 100 K 0

图14-28

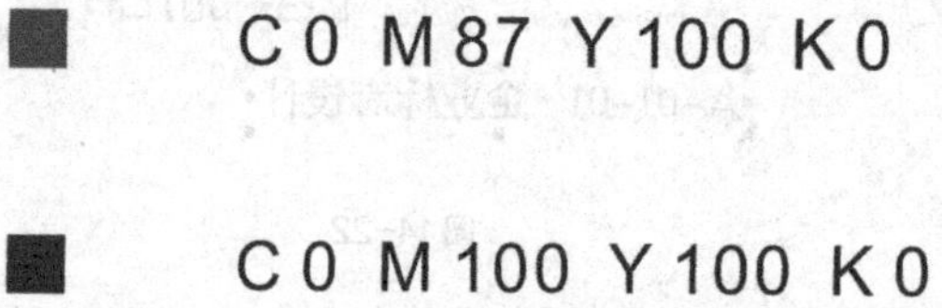
C 0 M 87 Y 100 K 0
C 0 M 100 Y 100 K 0

图14-29

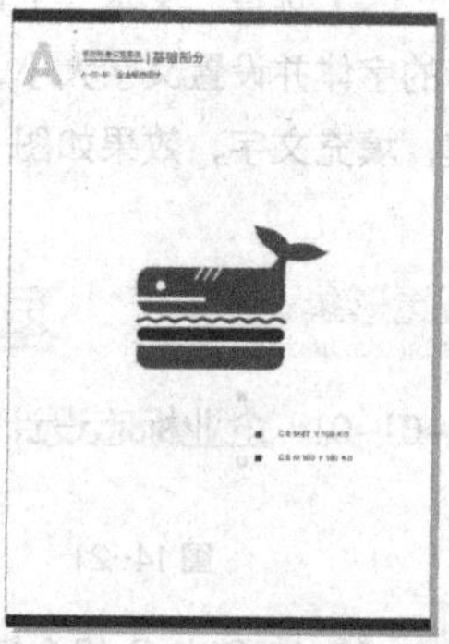

图14-30

14.1.2 制作标志墨稿

STEP 1 选择"布局 > 再制页面"命令，弹出"再制页面"对话框，选择"复制图层及其内容"单选项，其他选项的设置如图14-31所示。单击"确定"按钮，再制页面。

STEP 2 选择"布局 > 重命名页面"命令，在弹出的"重命名页面"对话框中进行设置，如图14-32所示。单击"确定"按钮，重命名页面。

鲸鱼汉堡企业VI设计A部分2

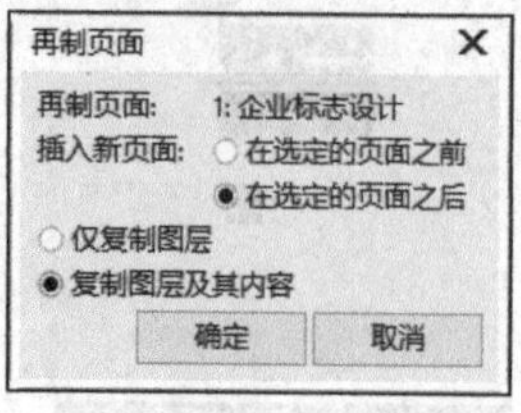
再制页面
再制页面: 1: 企业标志设计
插入新页面: 在选定的页面之前
在选定的页面之后
仅复制图层
复制图层及其内容
确定
取消

图14-31

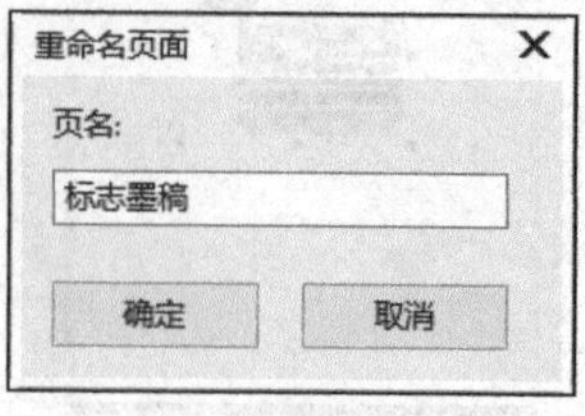
重命名页面
页名:
标志墨稿
确定
取消

图14-32

STEP**3** 选择"选择"工具 ▶，选取不需要的图形和文字，如图 14-33 所示。按 Delete 键，将其删除。选择"文本"工具 **字**，选取文字并将其修改，效果如图 14-34 所示。

图 14-33

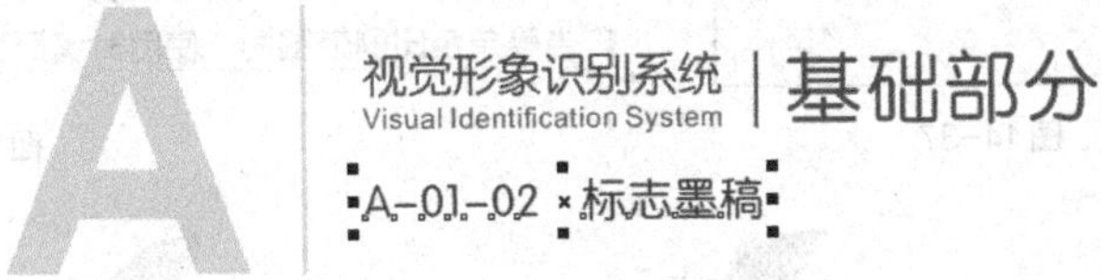

视觉形象识别系统 | 基础部分
Visual Identification System

A-01.-02 标志墨稿

图 14-34

STEP**4** 选择"文本"工具 **字**，在适当的位置拖曳出一个文本框，如图 14-35 所示。选择"选择"工具 ▶，在属性栏中选取适当的字体并设置文字大小，在文本框内输入需要的文字，效果如图 14-36 所示。

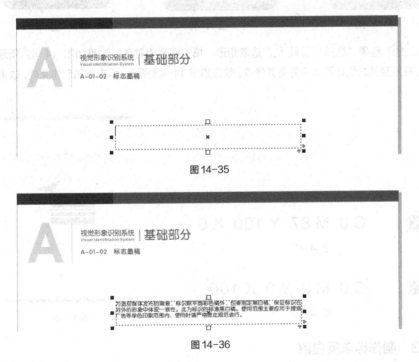

图 14-35

图 14-36

STEP**5** 保持文本选取状态。选择"文本属性"泊坞窗，选项的设置如图 14-37 所示。按 Enter 键，效果如图 14-38 所示。

STEP**6** 选择"选择"工具 ▶，选取曲线，如图 14-39 所示。按 Ctrl+Shift+Q 组合键，将轮廓转换为对象，效果如图 14-40 所示。

STEP**7** 用圈选的方法全部选取标志图形，按 Ctrl+G 组合键，将其群组，并填充图形为黑色，效果如图 14-41 所示。

文本属性
段落
0.0 mm
0.0 mm
0.0 mm
100.0 %
147.8 %
0.0 %
%字符高度
20.0 %
100.0 %
0.0 %
文本属性

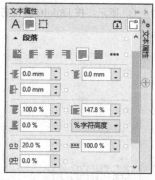

图 14-37

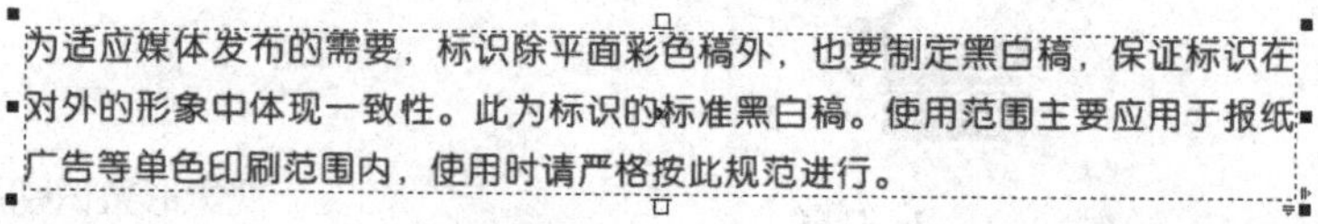

为适应媒体发布的需要，标识除平面彩色稿外，也要制定黑白稿，保证标识在对外的形象中体现一致性。此为标识的标准黑白稿。使用范围主要应用于报纸广告等单色印刷范围内，使用时请严格按此规范进行。

图 14-38

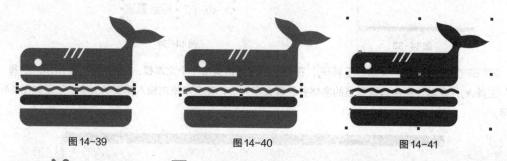

图 14-39

图 14-40

图 14-41

STEP 8 选择“选择”工具，选取矩形，填充图形为黑色，效果如图 14-42 所示。选择“文本”工具字，在矩形的右侧选取文字并将其修改，效果如图 14-43 所示。标志墨稿制作完成，效果如图 14-44 所示。

C 0 M 87 Y 100 K 0

图 14-42

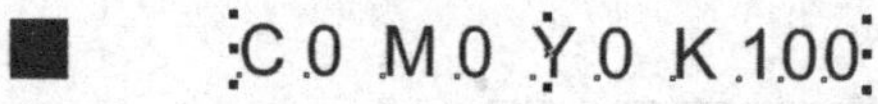

C 0 M 0 Y 0 K 100

图 14-43

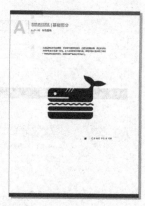

图 14-44

14.1.3 制作标志反白稿

STEP 1 选择“布局 > 再制页面”命令，弹出“再制页面”对话框，选择“复制图层及其内容”单选项，其他选项的设置如图 14-45 所示。单击“确定”按钮，再制页面。

鲸鱼汉堡企业VI设计
A部分3

STEP 2 选择“布局 > 重命名页面”命令，在弹出的“重命名页面”对话框中进行设置，如图 14-46 所示。单击“确定”按钮，重命名页面。

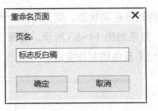

图 14-45   图 14-46

STEP 3 选择"选择"工具 ，选取不需要的图形和文字，如图 14-47 所示。按 Delete 键，将其删除。选择"文本"工具 **字**，选取文字并将其修改，效果如图 14-48 所示。

图 14-47   图 14-48

STEP 4 选择"文本"工具 **字**，选取文本框内的文字并将其修改，效果如图 14-49 所示。

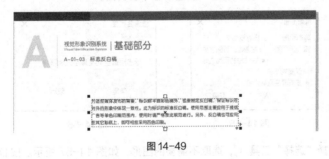

图 14-49

STEP 5 选择"选择"工具 ，选取标志图形，如图 14-50 所示。按 P 键，图形在页面中居中对齐，效果如图 14-51 所示。选择"矩形"工具 ，在适当的位置绘制一个矩形，如图 14-52 所示。

图 14-50   图 14-51   图 14-52

STEP 6 保持矩形选取状态。填充矩形为黑色，并去除矩形的轮廓线，按 Shift+PageDown 组合键，将矩形移至底层，效果如图 14-53 所示。选择"选择"工具 ![箭头]，选取标志图形，填充图形为白色，效果如图 14-54 所示。标志反白稿制作完成。

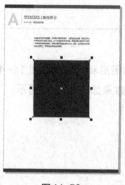

图 14-53

图 14-54

14.1.4　制作标志预留空间与最小比例限制

STEP 1 选择"布局 > 再制页面"命令，弹出"再制页面"对话框，选择"复制图层及其内容"单选项，其他选项的设置如图 14-55 所示。单击"确定"按钮，再制页面。

STEP 2 选择"布局 > 重命名页面"命令，在弹出的"重命名页面"对话框中进行设置，如图 14-56 所示。单击"确定"按钮，重命名页面。

鲸鱼汉堡企业VI设计
A 部分 4

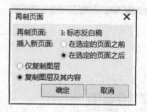

图 14-55

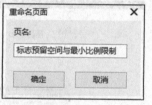

图 14-56

STEP 3 选择"选择"工具 ![箭头]，选取不需要的图形，如图 14-57 所示。按 Delete 键，将其删除。选择"文本"工具 字，选取文字并将其修改，效果如图 14-58 所示。选择"文本"工具 字，选取文本框内的文字并将其修改，效果如图 14-59 所示。

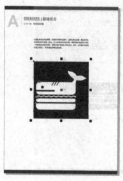

图 14-57

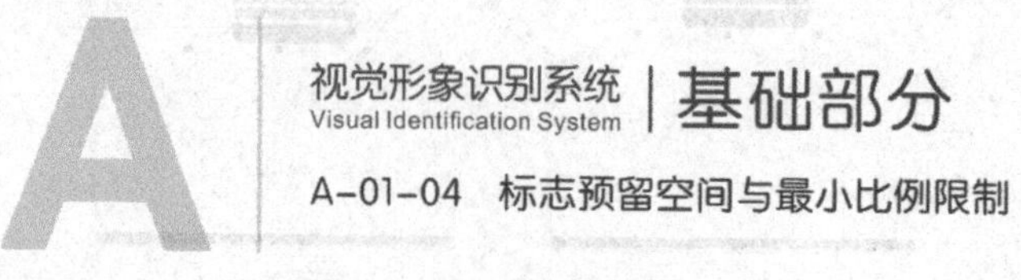

视觉形象识别系统 ｜ 基础部分
Visual Identification System

A-01-04　标志预留空间与最小比例限制

图 14-58

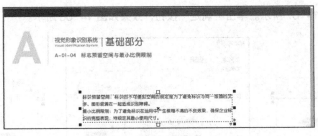

图 14-59

STEP 4 选择"鲸鱼汉堡标志"文件,选择"选择"工具 ▶,选取标志图形,按 Ctrl+C 组合键,复制图形。返回到正在编辑的页面,按 Ctrl+V 组合键,粘贴图形。选择"选择"工具 ▶,将标志图形拖曳到适当的位置并调整其大小,效果如图 14-60 所示。

STEP 5 选择"矩形"工具 □,按住 Ctrl 键的同时,在适当的位置绘制正方形,如图 14-61 所示。填充图形为白色,并去除图形的轮廓线。按 Shift+PageDown 组合键,将图形移至底层,效果如图 14-62 所示。

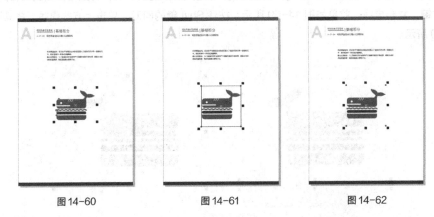

| 图 14-60 | 图 14-61 | 图 14-62 |

STEP 6 选择"选择"工具 ▶,按数字键盘上的+键,复制矩形。按住 Shift 键的同时,向外拖曳右上角的控制手柄到适当的位置,等比例放大图形,效果如图 14-63 所示。设置图形颜色的 CMYK 值为 0、0、0、10,填充图形,设置轮廓线颜色的 CMYK 值为 0、0、0、80,填充轮廓线,效果如图 14-64 所示。按 Shift+PageDown 组合键,将图形移至底层,效果如图 14-65 所示。

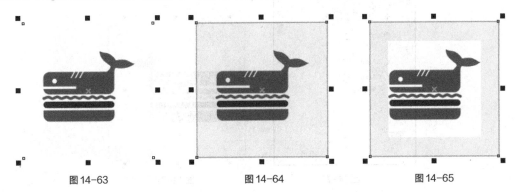

| 图 14-63 | 图 14-64 | 图 14-65 |

STEP 7 选择"2 点线"工具 ✏,按住 Shift 键的同时,在适当的位置绘制直线,如图 14-66 所示。按 F12 键,弹出"轮廓笔"对话框,在"颜色"选项中设置轮廓线颜色的 CMYK 值为 0、0、0、80,

其他选项的设置如图 14-67 所示。单击"确定"按钮，效果如图 14-68 所示。

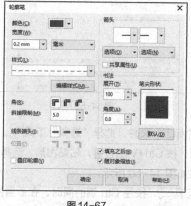

图 14-66   图 14-67   图 14-68

STEP 8 选择"选择"工具，选取虚线，按住 Shift 键的同时，将虚线拖曳到适当的位置，并单击鼠标右键，复制虚线，效果如图 14-69 所示。按住 Shift 键的同时，单击上方的虚线，将其同时选取，如图 14-70 所示。

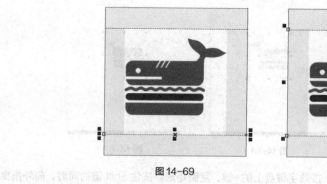

图 14-69   图 14-70

STEP 9 选择"对象 > 变换 > 旋转"命令，在弹出的"变换"泊坞窗中进行设置，如图 14-71 所示。单击"应用"按钮，效果如图 14-72 所示。

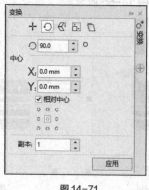

图 14-71   图 14-72

STEP 10 选择"文本"工具，在适当的位置输入需要的文字。选择"选择"工具，在属性栏中选取适当的字体并设置文字大小，效果如图 14-73 所示。选取文字，按住 Shift 键的同时，将其拖曳到适当的位置，并单击鼠标右键，复制文字，效果如图14-74所示。

图14-73

STEP 11 再次复制文字，单击属性栏中的"将文本更改为垂直方向"按钮，垂直排列文字，并将其拖曳到适当的位置，效果如图14-75所示。选择"文本"工具 **字**，在适当的位置输入需要的文字。选择"选择"工具，在属性栏中选取适当的字体并设置文字大小，如图14-76所示。

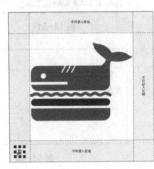

图14-74   图14-75   图14-76

STEP 12 选择"选择"工具，选取标志图形，将其拖曳到适当的位置，并单击鼠标右键，复制图形，调整其大小，效果如图14-77所示。选择"平行度量"工具，在适当的位置单击鼠标左键，如图14-78所示，按住鼠标左键将鼠标移动到适当的位置，如图14-79所示。松开鼠标左键，向右侧拖曳鼠标，如图14-80所示。单击鼠标左键，标注图形。

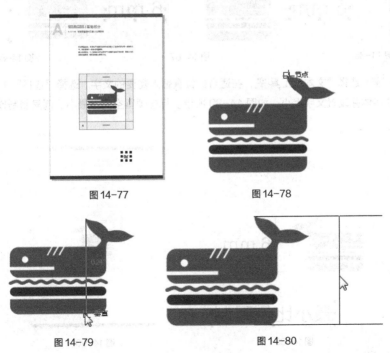

图14-77   图14-78

图14-79   图14-80

STEP 13 保持标注的选取状态。在属性栏中单击"文本位置"按钮，在弹出的面板中选择需要的选项，如图 14-81 所示。单击"双箭头"右侧的按钮，在弹出的面板中选择需要的箭头形状，如图 14-82 所示。单击"延伸线选项"按钮，在弹出的面板中进行设置，如图 14-83 所示，其他选项的设置如图 14-84 所示。按 Enter 键，效果如图 14-85 所示。

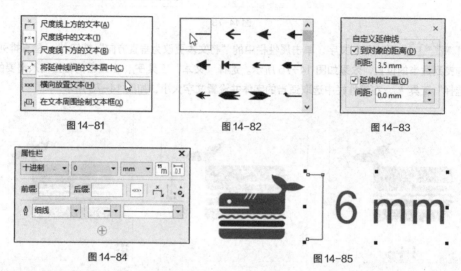

图 14-81　　　　　　　图 14-82　　　　　　　图 14-83

图 14-84　　　　　　　　　　图 14-85

STEP 14 选择"选择"工具，选取数值，在属性栏中选取适当的字体并设置文字大小，如图 14-86 所示。填充文字为黑色，效果如图 14-87 所示。选取标注线，填充轮廓线颜色为黑色，效果如图 14-88 所示。

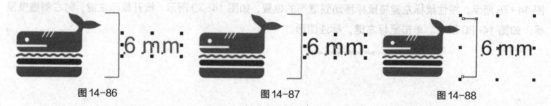

图 14-86　　　　　　　图 14-87　　　　　　　图 14-88

STEP 15 选择"文本"工具，在适当的位置输入需要的文字。选择"选择"工具，在属性栏中选取适当的字体并设置文字大小，如图 14-89 所示。标志预留空间与最小比例限制制作完成，效果如图 14-90 所示。

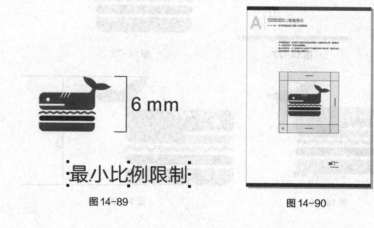

图 14-89　　　　　　　　　图 14-90

14.1.5 制作企业全称中文字体

STEP 1 选择"布局 > 再制页面"命令，弹出"再制页面"对话框，选择"复制图层及其内容"单选项，其他选项的设置如图 14-91 所示。单击"确定"按钮，再制页面。

STEP 2 选择"布局 > 重命名页面"命令，在弹出的"重命名页面"对话框中进行设置，如图 14-92 所示。单击"确定"按钮，重命名页面。

鲸鱼汉堡企业VI设计
A 部分 5

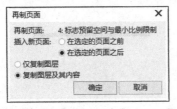

图 14-91

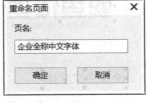

图 14-92

STEP 3 选择"选择"工具 ，选取不需要的标志和文字，如图 14-93 所示。按 Delete 键，将其删除。选择"文本"工具 字 ，选取文字并将其修改，效果如图 14-94 所示。选择"文本"工具 字 ，选取文本框内的文字并将其修改，效果如图 14-95 所示。

图 14-93

图 14-94

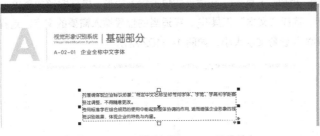

图 14-95

STEP 4 选择"鲸鱼汉堡标志"文件，选择"选择"工具 ，选取标志文字，如图 14-96 所示。按 Ctrl+C 组合键，复制文字。返回到正在编辑的页面，按 Ctrl+V 组合键，粘贴文字。选择"选择"工具 ，将其拖曳到适当的位置并调整其大小，效果如图 14-97 所示。

STEP 5 选择"文本"工具 字 ，在适当的位置输入需要的文字。选择"选择"工具 ，在属性栏中选取适当的字体并设置文字大小，如图 14-98 所示。

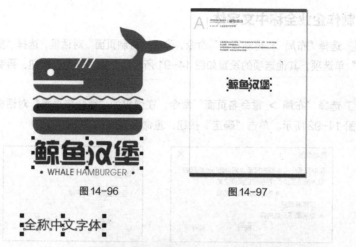

图 14-96   图 14-97

图 14-98

STEP 6 选择"矩形"工具□，按住 Ctrl 键的同时，在适当的位置绘制正方形。在"CMYK 调色板"中的"红"色块上单击鼠标左键，填充图形，并去除图形的轮廓线，效果如图 14-99 所示。选择"文本"工具字，在矩形的右侧输入需要的文字。选择"选择"工具，在属性栏中选取适当的字体并设置文字大小，如图 14-100 所示。

图 14-99    图 14-100

STEP 7 选择"矩形"工具□，在适当的位置绘制矩形，填充图形为黑色，并去除图形的轮廓线，效果如图 14-101 所示。选择"文本"工具字，在适当的位置输入需要的文字。选择"选择"工具，在属性栏中选取适当的字体并设置文字大小，如图 14-102 所示。

图 14-101   图 14-102

STEP 8 选择"选择"工具 ![箭头图标]，按住 Shift 键的同时，依次单击矩形和上方的文字，将其同时选取。按 Ctrl+Shift+A 组合键，弹出"对齐与分布"泊坞窗，单击"左对齐"按钮 ![图标]，如图 14-103 所示，对齐效果如图 14-104 所示。

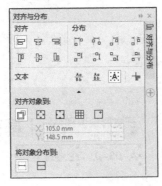

| 图 14-103 | 图 14-104 |

STEP 9 选择"选择"工具 ![箭头图标]，选取标志文字，将其拖曳到适当的位置，并单击鼠标右键，复制文字，填充文字为白色，效果如图 14-105 所示。企业全称中文字体制作完成，效果如图 14-106 所示。

全称中文字体反白效果

图 14-105

图 14-106

14.1.6 制作企业标准色

STEP 1 选择"布局 > 再制页面"命令，弹出"再制页面"对话框，选择"复制图层及其内容"单选项，其他选项的设置如图 14-107 所示。单击"确定"按钮，再制页面。

STEP 2 选择"布局 > 重命名页面"命令，在弹出的"重命名页面"对话框中进行设置，如图 14-108 所示。单击"确定"按钮，重命名页面。

鲸鱼汉堡企业 VI 设计
A 部分 6

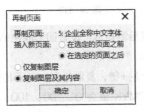

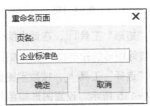

图 14-107

图 14-108

STEP 3 选择"选择"工具 ，选取不需要的标志和文字，如图 14-109 所示。按 Delete 键，将其删除。选择"文本"工具 字，选取文字并将其修改，效果如图 14-110 所示。选择"文本"工具 字，选取文本框内的文字并将其修改，效果如图 14-111 所示。

图 14-109

图 14-110

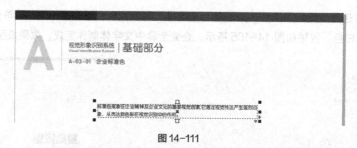

图 14-111

STEP 4 选择"鲸鱼汉堡标志"文件，选择"选择"工具 ，选取标志和文字，如图 14-112 所示。按 Ctrl+C 组合键，复制标志和文字。返回到正在编辑的页面，按 Ctrl+V 组合键，粘贴标志和文字。选择"选择"工具 ，将其拖曳到适当的位置并调整其大小，如图 14-113 所示。

图 14-112   图 14-113

STEP 5 选择"矩形"工具 ，在适当的位置绘制矩形。设置图形颜色的 CMYK 值为 0、87、100、0，填充图形，并去除图形的轮廓线，效果如图 14-114 所示。

STEP 6 选择"选择"工具 ，按数字键盘上的+键，复制矩形，向下拖曳中间的控制手柄到适当的位置，效果如图 14-115 所示。设置图形颜色的 CMYK 值为 0、100、100、0，填充图形，效果如图 14-116 所示。

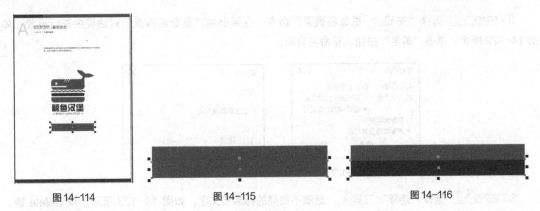

图 14-114　　　　　　　图 14-115　　　　　　　图 14-116

STEP 7 选择"文本"工具 **字**，在矩形上输入需要的文字。选择"选择"工具 **↖**，在属性栏中
选取适当的字体并设置文字大小，填充文字为白色，效果如图 14-117 所示。

STEP 8 选择"文本属性"泊坞窗，选项的设置如图 14-118 所示。按 Enter 键，效果如图 14-119
所示。企业标准色制作完成，效果如图 14-120 所示。

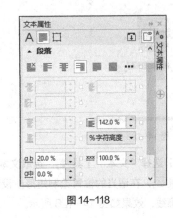

图 14-117　　　　　　　　　　　　　　图 14-118

图 14-119　　　　　　　图 14-120

14.1.7　制作企业辅助色

STEP 1 选择"布局 > 再制页面"命令，弹出"再制页面"对话框，选择"复
制图层及其内容"单选项，其他选项的设置如图 14-121 所示。单击"确定"按钮，再
制页面。

鲸鱼汉堡企业 VI 设计
A 部分 7

STEP 2 选择"布局 > 重命名页面"命令，在弹出的"重命名页面"对话框中进行设置，如图 14-122 所示。单击"确定"按钮，重命名页面。

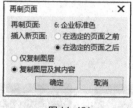
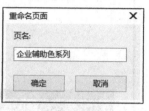

图 14-121　　　　　　　　　　　图 14-122

STEP 3 选择"选择"工具，选取不需要的标志和文字，如图 14-123 所示。按 Delete 键，将其删除。选择"文本"工具字，选取文字并将其修改，效果如图 14-124 所示。

图 14-123　　　　　　　　　　　图 14-124

STEP 4 选择"文本"工具字，选取文本框内的文字并对其进行修改，效果如图 14-125 所示。选择"矩形"工具，在适当的位置绘制矩形。设置图形颜色的 CMYK 值为 0、0、100、0，填充图形，并去除图形的轮廓线，效果如图 14-126 所示。

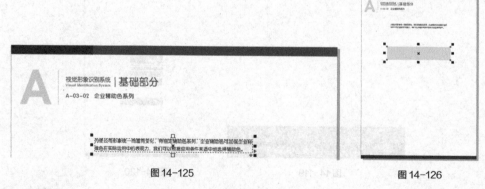

图 14-125　　　　　　　　　　　图 14-126

STEP 5 选择"选择"工具，按住 Shift 键的同时，将矩形垂直向下拖曳到适当的位置并单击鼠标右键，复制矩形，效果如图 14-127 所示。设置矩形颜色的 CMYK 值为 0、0、0、30，填充图形，效果如图 14-128 所示。

STEP 6 选择"调和"工具，在上方矩形上单击并按住鼠标左键将其拖曳到下方矩形上，松开鼠标，调整效果如图 14-129 所示。在属性栏中的设置如图 14-130 所示。按 Enter 键，效果如图 14-131 所示。

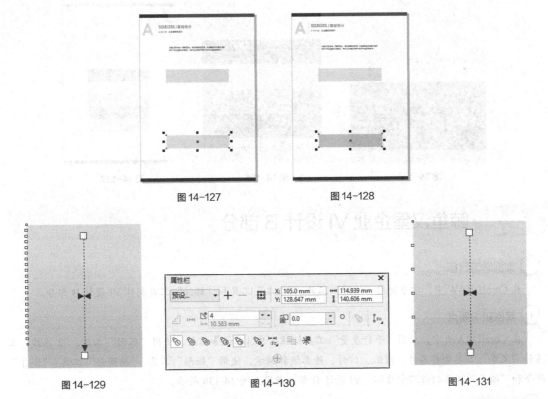

图 14-127　　　　　　　　　图 14-128

图 14-129　　　　　　　　　图 14-130　　　　　　　　　图 14-131

STEP 7 选择"对象 > 拆分调和群组"命令，拆分调和图形。选择"选择"工具 ，选取需要的图形，单击属性栏中的"取消组合所有对象"按钮 ，取消所有图形的组合，如图 14-132 所示。

STEP 8 选择"选择"工具 ，选取需要的矩形，设置填充颜色的 CMYK 值为 0、100、60、0，填充图形，效果如图 14-133 所示。用相同的方法分别填充矩形适当的颜色，效果如图 14-134 所示。

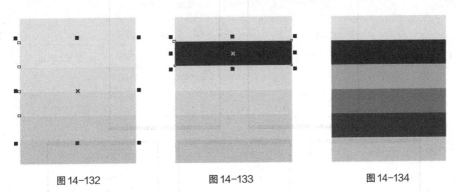

图 14-132　　　　　　　　　图 14-133　　　　　　　　　图 14-134

STEP 9 选择"文本"工具 字，在矩形上输入需要的文字。选择"选择"工具 ，在属性栏中选取适当的字体并设置文字大小，填充文字为白色，效果如图 14-135 所示。

STEP 10 用相同的方法在其他色块上输入文字，如图 14-136 所示。企业辅助色制作完成，效果如图 14-137 所示。

STEP 11 按 Ctrl+S 组合键，弹出"保存绘图"对话框，将制作好的图像命名为"VI 设计 A 部分"，保存为 CDR 格式，单击"保存"按钮，保存图像。

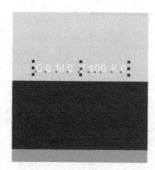

图 14-135　　　　　　　　　　图 14-136　　　　　　　　　　图 14-137

14.2　鲸鱼汉堡企业 VI 设计 B 部分

⊕ 案例学习目标

在 CorelDRAW 中，学习使用"绘图"工具、"文本"工具和"标注"工具制作 VI 设计 B 部分。

⊕ 案例知识要点

在 CorelDRAW 中，使用"平行度量"工具标注名片、信纸和信封，使用"矩形"工具、"2 点线"工具和"文本"工具制作名片、信纸、信封、传真纸和胸卡，使用"矩形"工具、"椭圆形"工具、"合并"命令和"填充"工具制作胸卡挂环。VI 设计 B 部分效果如图 14-138 所示。

⊕ 效果所在位置

资源包 > Ch14 > 效果 > 鲸鱼汉堡企业 VI 设计 B 部分 > VI 设计 B 部分.cdr。

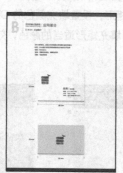

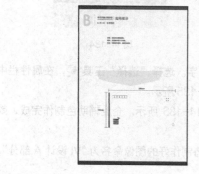

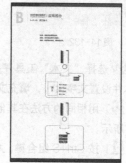

图 14-138

14.2.1 制作企业名片 CorelDRAW 应用

STEP 1 打开 CorelDRAW X8 软件，按 Ctrl+N 组合键，新建一个 A4 页面。选择"布局 > 重命名页面"命令，在弹出的"重命名页面"对话框中进行设置，如图 14-139 所示。单击"确定"按钮，重命名页面。

鲸鱼汉堡企业 VI 设计
B 部分 1

STEP 2 按 Ctrl+O 组合键，弹出"打开绘图"对话框，选择资源包中的"Ch14 > 效果 > 鲸鱼汉堡企业 VI 设计 A 部分 > VI 设计 A 部分.cdr"文件，单击"打开"按钮，打开文件。选取需要的图形，按 Ctrl+C 组合键，复制图形。返回到正在编辑的页面，按 Ctrl+V 组合键，粘贴图形，效果如图 14-140 所示。

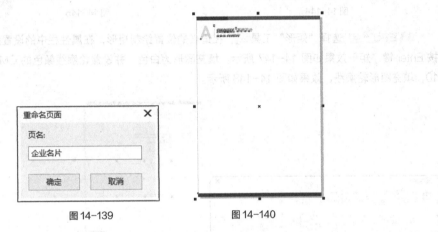

图 14-139　　　　　　　　　　　图 14-140

STEP 3 选择"文本"工具 **字**，选取文字并将其修改，效果如图 14-141 所示。用相同的方法修改右侧的文字，效果如图 14-142 所示。

图 14-141　　　　　　　　　　　图 14-142

STEP 4 选择"文本"工具 **字**，在矩形下方拖曳文本框并输入需要的文字。选择"选择"工具 ，在属性栏中选取适当的字体并设置文字大小，效果如图 14-143 所示。

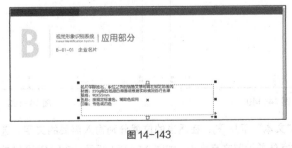

图 14-143

STEP 5 选择"文本 > 文本属性"命令，在弹出的"文本属性"泊坞窗中进行设置，如图 14-144 所示。按 Enter 键，效果如图 14-145 所示。

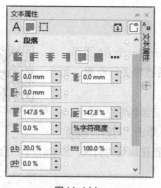

图 14-144

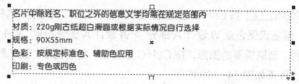

图 14-145

STEP 6 选择"矩形"工具□，在适当的位置绘制矩形，在属性栏中的设置如图 14-146 所示。按 Enter 键，矩形效果如图 14-147 所示。填充图形为白色，并设置轮廓线颜色的 CMYK 值为 0、0、0、10，填充图形轮廓线，效果如图 14-148 所示。

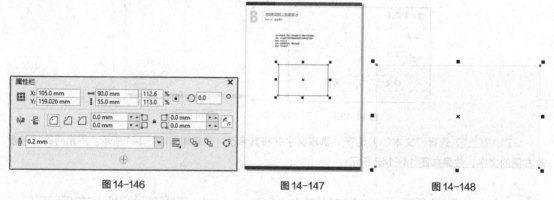

图 14-146　　　　　　　图 14-147　　　　　　　图 14-148

STEP 7 选择"选择"工具▶，按数字键盘上的+键，复制矩形，向下拖曳中间的控制手柄到适当的位置，调整其大小，效果如图 14-149 所示。设置图形颜色的 CMYK 值为 0、0、0、40，填充图形，并去除图形的轮廓线，效果如图 14-150 所示。

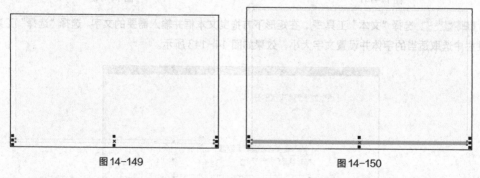

图 14-149　　　　　　　　　　　图 14-150

STEP 8 选择"文本"工具字，在适当的位置分别输入需要的文字。选择"选择"工具▶，在属性栏中分别选取适当的字体并设置文字大小，如图 14-151 所示。按住 Shift 键的同时，选取需要的文字，按 Ctrl+Shift+A 组合键，弹出"对齐与分布"泊坞窗，单击"左对齐"按钮▤，如图 14-152 所示，对齐效果如图 14-153 所示。

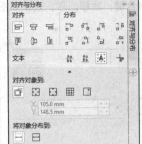

图 14-151　　　　　　　图 14-152　　　　　　　图 14-153

STEP 9 选择"选择"工具，选取需要的文字。选择"文本属性"泊坞窗，选项的设置如图 14-154 所示。按 Enter 键，效果如图 14-155 所示。

STEP 10 选择"2 点线"工具，按住 Shift 键的同时，在适当的位置绘制一条竖线，效果如图 14-156 所示。

图 14-154　　　　　　　图 14-155　　　　　　　图 14-156

STEP 11 按 Ctrl+O 组合键，弹出"打开绘图"对话框，选择资源包中的"Ch14 > 效果 > 鲸鱼汉堡标志设计 > 鲸鱼汉堡标志.cdr"文件，单击"打开"按钮，打开文件。选择"选择"工具，选取标志和文字，按 Ctrl+Shift+Q 组合键，将轮廓转换为对象。按 Ctrl+C 组合键，复制标志和文字。返回到正在编辑的页面，按 Ctrl+V 组合键，粘贴标志和文字。

STEP 12 选择"选择"工具，将标志和文字拖曳到适当的位置并调整其大小，效果如图 14-157 所示。选取背景矩形，将其拖曳到适当的位置并单击鼠标右键，复制矩形，效果如图 14-158 所示。

图 14-157　　　　　　　　　　　　图 14-158

STEP 13 选择"选择"工具，设置图形颜色的 CMYK 值为 0、0、0、10，填充图形，效果如

图 14-159 所示。按 Ctrl+PageDown 组合键，后移图形，效果如图 14-160 所示。

图 14-159　　　　　　　　　　图 14-160

STEP 14 选择"平行度量"工具 ✎，在适当的位置单击鼠标左键，如图 14-161 所示。按住鼠标左键将鼠标移动到适当的位置，如图 14-162 所示。松开鼠标左键，向下拖曳鼠标，单击鼠标标注图形，如图 14-163 所示。保持标注的选取状态。在属性栏中单击"文本位置"按钮 ⚹，在弹出的面板中选择需要的选项，如图 14-164 所示。

图 14-161　　　　　　　　　　图 14-162

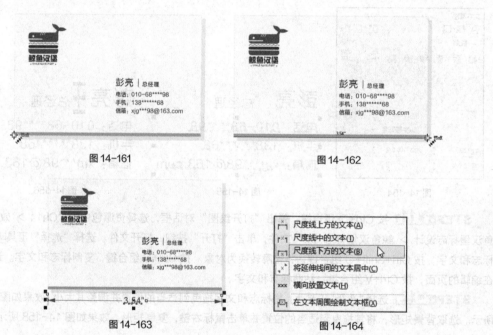

图 14-163　　　　　　　　　　图 14-164

STEP 15 单击"延伸线选项"按钮 ⚹，在弹出的面板中进行设置，如图 14-165 所示。单击"双箭头"右侧的按钮，在弹出的面板中选择需要的箭头形状，如图 14-166 所示。其他选项的设置如图 14-167 所示。按 Enter 键，效果如图 14-168 所示。

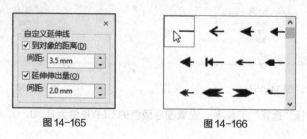

图 14-165　　　　　　　　　　图 14-166

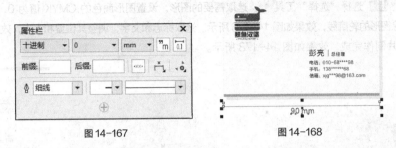

图 14-167　　　　　　　　　　图 14-168

STEP 16 选择"选择"工具，选取文字，在属性栏中选取适当的字体并设置文字大小，填充文字为黑色，效果如图 14-169 所示。选取标注线，填充轮廓线颜色为黑色，效果如图 14-170 所示。

图 14-169　　　　　　　　　　图 14-170

STEP 17 用上述方法制作左侧的标注，如图 14-171 所示。选取标注，在属性栏中单击"文本位置"按钮，在弹出的面板中选择需要的选项，如图 14-172 所示，标注效果如图 14-173 所示。

图 14-171　　　　　　图 14-172　　　　　　图 14-173

STEP 18 选择"选择"工具，选取名片，按数字键盘上的+键，复制名片。按住 Shift 键的同时，向下拖曳名片到适当的位置，效果如图 14-174 所示。选取不需要的文字，如图 14-175 所示。按 Delete 键，将其删除。

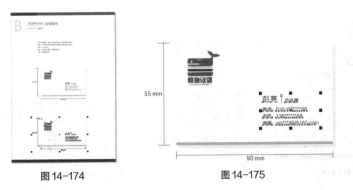

图 14-174　　　　　　图 14-175

STEP 19 选择"选择"工具 ，选取需要的图形，设置图形颜色的 CMYK 值为 0、0、0、20，填充图形，并去除图形的轮廓线，效果如图 14-176 所示。选取标志和文字，调整其位置和大小，效果如图 14-177 所示。企业名片制作完成，效果如图 14-178 所示。

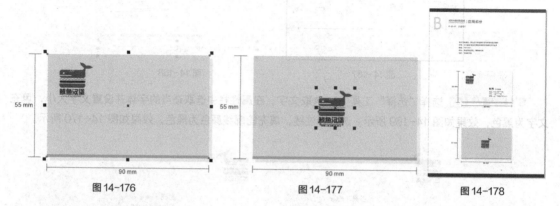

图 14-176　　　　　　　　　图 14-177　　　　　　　　图 14-178

14.2.2 制作企业信纸

STEP 1 选择"布局 > 再制页面"命令，弹出"再制页面"对话框，选择"复制图层及其内容"单选项，其他选项的设置如图 14-179 所示。单击"确定"按钮，再制页面。

STEP 2 选择"布局 > 重命名页面"命令，在弹出的"重命名页面"对话框中进行设置，如图 14-180 所示。单击"确定"按钮，重命名页面。

鲸鱼汉堡企业VI设计
B 部分 2

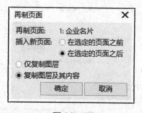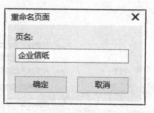

图 14-179　　　　　　　　　　图 14-180

STEP 3 选择"选择"工具 ，选取不需要的图形，如图 14-181 所示。按 Delete 键，将其删除。选择"文本"工具 字，选取文字并将其修改，效果如图 14-182 所示。选择"文本"工具 字，选取文本框内的文字并将其修改，效果如图 14-183 所示。

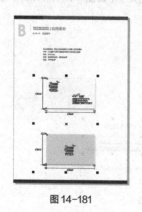

图 14-181　　　　　　　　　　　　　图 14-182

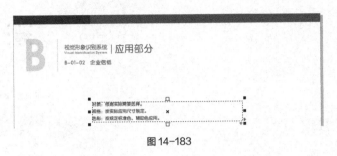

图 14-183

STEP 4 双击 "矩形" 工具 ▢ ，绘制一个与页面大小相等的矩形，如图 14-184 所示。在属性栏中的 "对象原点" 按钮 ▦ 上修改参考点，其他选项的设置如图 14-185 所示。按 Enter 键，效果如图 14-186 所示。

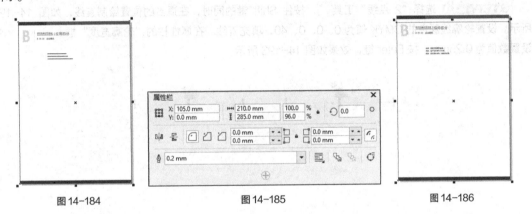

图 14-184   图 14-185   图 14-186

STEP 5 选择 "选择" 工具 ▸ ，按住 Shift 键的同时，等比例缩小图形，如图 14-187 所示。填充图形为白色，并设置轮廓线颜色的 CMYK 值为 0、0、0、10，填充图形轮廓线，效果如图 14-188 所示。

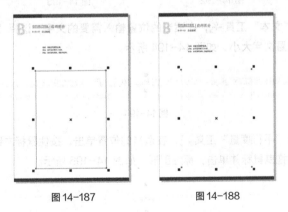

图 14-187   图 14-188

STEP 6 选择 "选择" 工具 ▸ ，按数字键盘上的+键，复制矩形，向下拖曳中间的控制手柄到适当的位置，调整其大小，效果如图 14-189 所示。设置图形颜色的 CMYK 值为 0、0、0、40，填充图形，并去除图形的轮廓线，效果如图 14-190 所示。

STEP 7 选择 "鲸鱼汉堡标志" 文件，选择 "选择" 工具 ▸ ，选取标志，按 Ctrl+C 组合键，复制标志。返回到正在编辑的页面，按 Ctrl+V 组合键，粘贴标志。选择 "选择" 工具 ▸ ，将其拖曳到适当的位置并调整其大小，效果如图 14-191 所示。

图14-189

图14-190

图14-191

STEP 8 选择“2 点线”工具，按住 Shift 键的同时，在适当的位置绘制直线，如图 14-192 所示。设置轮廓线颜色的 CMYK 值为 0、0、0、40，填充直线。在属性栏的“轮廓宽度”框 0.2 mm 中设置数值为 0.25mm，按 Enter 键，效果如图 14-193 所示。

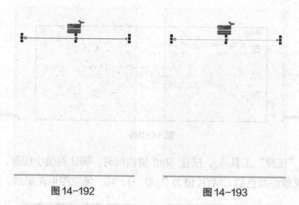

图14-192

图14-193

STEP 9 选择“文本”工具，在适当的位置输入需要的文字。选择“选择”工具，在属性栏中选取适当的字体并设置文字大小，如图 14-194 所示。

地址：京北市关中村南大街65号C区 电话：010-68****98 电子信箱：xig***98@163.com 邮政编码：1*****0

图14-194

STEP 10 选择“平行度量”工具，在适当的位置单击，按住鼠标左键将鼠标移动到适当的位置。松开鼠标左键，向上拖曳鼠标并单击，标注图形，如图 14-195 所示。

5.04"

图14-195

STEP **11** 在属性栏中单击"文本位置"按钮 🔲，在弹出的面板中选择需要的选项，如图 14-196 所示。单击"延伸线"按钮 📐，在弹出的面板中进行设置，如图 14-197 所示。单击"双箭头"右侧的按钮，在弹出的面板中选择需要的箭头形状，如图 14-198 所示。其他选项的设置如图 14-199 所示。按 Enter 键，效果如图 14-200 所示。

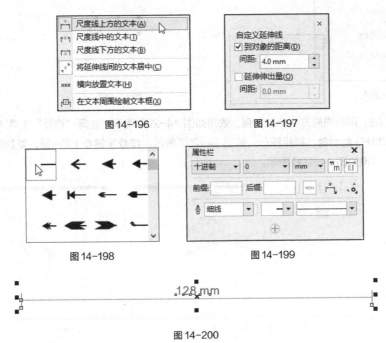

图 14-196　　　　　　　　　　　图 14-197

图 14-198　　　　　　　　　　　图 14-199

图 14-200

STEP **12** 按 Ctrl+K 组合键，拆分尺度。选择"选择"工具 ➤，选取标注线，填充轮廓为黑色，效果如图 14-201 所示。选取文字，在属性栏中选取适当的字体并设置文字大小，填充文字为黑色，效果如图 14-202 所示。选择"文本"工具 字，选取并修改需要的文字，效果如图 14-203 所示。

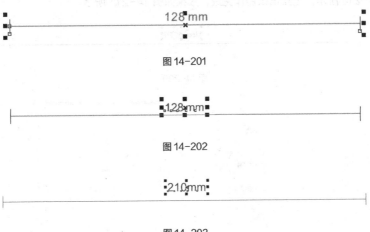

图 14-201

图 14-202

图 14-203

STEP **13** 保持文字的选取状态。选择"文本属性"泊坞窗，选项的设置如图 14-204 所示。按 Enter 键，效果如图 14-205 所示。

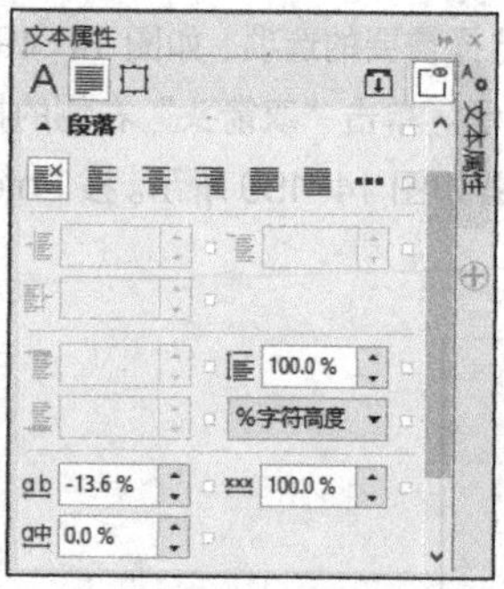

图 14-204 　　　　　　　　　　　图 14-205

STEP 14 用相同的方法标注左侧，效果如图 14-206 所示。选择"选择"工具，同时选取需要的图形，按 Ctrl+G 组合键，群组图形，如图 14-207 所示。按数字键盘上的+键，复制群组图形，调整其大小和位置，效果如图 14-208 所示。

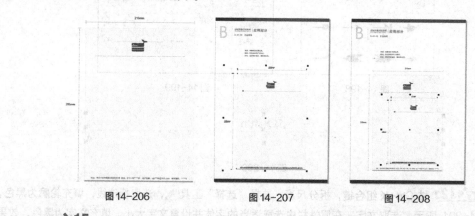

图 14-206　　　　　　图 14-207　　　　　　图 14-208

STEP 15 保持图形的选取状态。单击属性栏中的"取消组合所有对象"按钮，取消群组对象。选择"文本"工具，选取并修改需要的文字，效果如图 14-209 所示。用相同的方法修改左侧的标注文字，效果如图 14-210 所示。企业信纸制作完成，效果如图 14-211 所示。

图 14-209

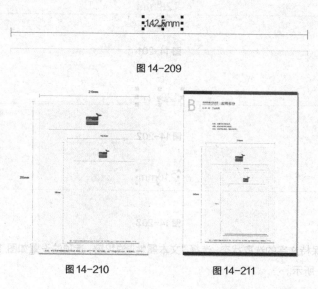

图 14-210　　　　　　　图 14-211

14.2.3 制作五号信封

STEP 1 选择"布局 > 再制页面"命令,弹出"再制页面"对话框,选择"复制图层及其内容"单选项,其他选项的设置如图 14-212 所示。单击"确定"按钮,再制页面。

鲸鱼汉堡企业VI设计
B部分3

STEP 2 选择"布局 > 重命名页面"命令,在弹出的"重命名页面"对话框中进行设置,如图 14-213 所示。单击"确定"按钮,重命名页面。

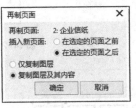

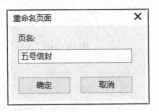

图 14-212   图 14-213

STEP 3 选择"选择"工具 ▶,选取不需要的图形,如图 14-214 所示。按 Delete 键,将其删除。选择"文本"工具 字,选取文字并将其修改,效果如图 14-215 所示。

图 14-214

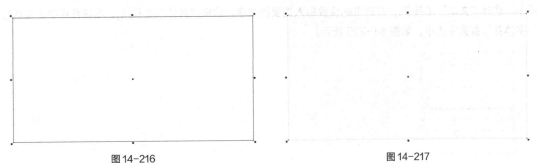

图 14-215

STEP 4 选择"矩形"工具 □,在适当的位置绘制矩形,如图 14-216 所示。填充图形为白色,并设置轮廓线颜色的 CMYK 值为 0、0、0、20,填充图形轮廓线,效果如图 14-217 所示。

图 14-216   图 14-217

STEP 5 选择"矩形"工具 □,在适当的位置绘制矩形。设置轮廓线颜色的 CMYK 值为 0、100、100、0,填充图形轮廓线,效果如图 14-218 所示。选择"选择"工具 ▶,按住 Shift 键的同时,水平向右拖曳矩形到适当的位置并单击鼠标右键,复制图形,效果如图 14-219 所示。按住 Ctrl 键的同时,连续点按 D 键，复制出多个矩形，效果如图 14-220 所示。

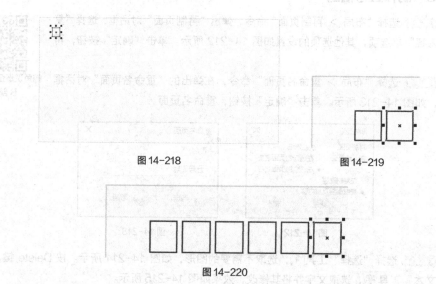

图 14-218　　　　　　　　　　图 14-219

图 14-220

STEP 6 选择"矩形"工具□，在适当的位置绘制矩形，设置轮廓线颜色的 CMYK 值为 0、0、0、20，填充图形轮廓线，效果如图 14-221 所示。用上述方法复制图形，效果如图 14-222 所示。

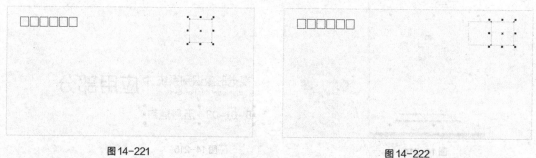

图 14-221　　　　　　　　　　　　　　　　图 14-222

STEP 7 选择"选择"工具▶，选取左侧的矩形，按 Alt+Enter 组合键，弹出"对象属性"泊坞窗，单击"线条样式"选项右侧的按钮，在弹出的面板中选择需要的样式，如图 14-223 所示，效果如图 14-224 所示。选择"文本"工具字，在适当的位置输入需要的文字。选择"选择"工具▶，在属性栏中选取适当的字体并设置文字大小，如图 14-225 所示。

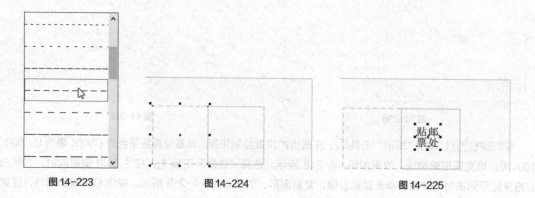

图 14-223　　　　　　　图 14-224　　　　　　　图 14-225

STEP 8 保持文字的选取状态。选择"文本属性"泊坞窗，选项的设置如图 14-226 所示。按 Enter
键，效果如图 14-227 所示。

图 14-226

图 14-227

STEP 9 选择"矩形"工具 ，在右侧绘制一个矩形，设置图形颜色的 CMYK 值为 0、87、100、
0，填充图形，并去除图形的轮廓线，效果如图 14-228 所示。

STEP 10 选择"选择"工具 ，按数字键盘上的+键，复制矩形。向下拖曳复制矩形中间的控
制手柄到适当的位置，调整其大小。在"CMYK 调色板"中的"红"色块上单击鼠标左键，填充图形，效
果如图 14-229 所示。

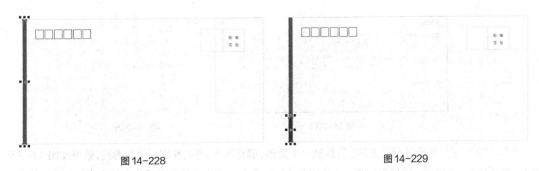

图 14-228

图 14-229

STEP 11 选择"鲸鱼汉堡标志"文件，选择"选择"工具 ，选取标志和文字，按 Ctrl+C 组合
键，复制标志和文字。返回到正在编辑的页面，按 Ctrl+V 组合键，粘贴标志和文字。

STEP 12 选择"选择"工具 ，将其拖曳到适当的位置并调整其大小，效果如图 14-230 所示。
选择"矩形"工具 ，在适当的位置绘制矩形，设置轮廓线颜色的 CMYK 值为 0、0、0、20，填充图形轮
廓线，效果如图 14-231 所示。

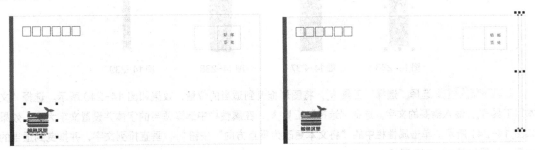

图 14-230

图 14-231

STEP 13 选择"选择"工具 ，选取矩形，在"对象属性"泊坞窗中，单击"线条样式"选项右侧的按钮，在弹出的面板中选择需要的样式，如图 14-232 所示，效果如图 14-233 所示。

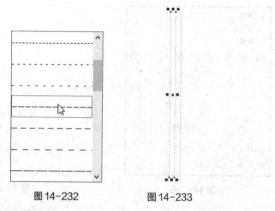

图 14-232　　　　　　　图 14-233

STEP 14 选择"矩形"工具 ，绘制一个矩形，在属性栏的"转角半径"框 中进行设置，如图 14-234 所示。设置轮廓线颜色的 CMYK 值为 0、0、0、20，填充图形轮廓线，效果如图 14-235 所示。

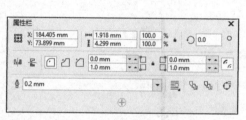

图 14-234

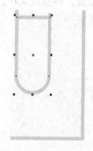

图 14-235

STEP 15 选择"矩形"工具 ，绘制一个矩形，填充黑色，并去除图形的轮廓线，效果如图 14-236 所示。按 Ctrl+Q 组合键，转换为曲线。选择"形状"工具 ，将左上角的节点拖曳到适当的位置，效果如图 14-237 所示。在适当的位置双击鼠标左键添加节点，如图 14-238 所示。按住 Shift 键的同时，单击左下角的节点，同时选取需要的节点，将其拖曳到适当的位置，效果如图 14-239 所示。

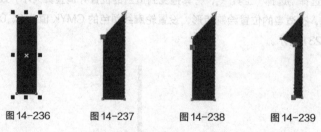

图 14-236　　　　图 14-237　　　　图 14-238　　　　图 14-239

STEP 16 选择"选择"工具 ，将图形拖曳到适当的位置，效果如图 14-240 所示。选择"文本"工具 字 ，输入需要的文字。选择"选择"工具 ，在属性栏中选取适当的字体并设置文字大小，效果如图 14-241 所示。单击属性栏中的"将文本更改为垂直方向"按钮 ，垂直排列文字，并拖曳到适当的位置，效果如图 14-242 所示。

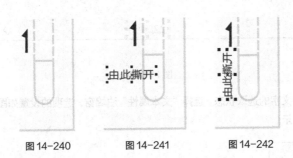

图 14-240   图 14-241   图 14-242

STEP 17 信封正面绘制完成，效果如图 14-243 所示。选择"平行度量"工具 ，在适当的位置进行标注，如图 14-244 所示。

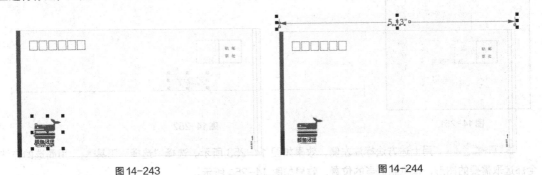

图 14-243   图 14-244

STEP 18 在属性栏中单击"文本位置"按钮 ，在弹出的面板中选择需要的选项，如图 14-245 所示。单击"延伸线选项"按钮 ，在弹出的面板中进行设置，如图 14-246 所示。单击"双箭头"右侧的按钮，在弹出的面板中选择需要的箭头形状，如图 14-247 所示。分别设置度量精度和单位，效果如图 14-248 所示。

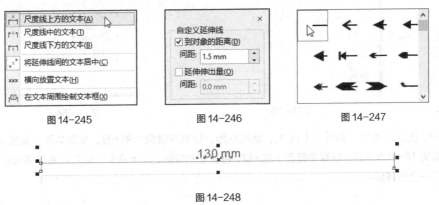

图 14-245   图 14-246   图 14-247

图 14-248

STEP 19 选择"选择"工具 ，选取标注线，填充轮廓为黑色，效果如图 14-249 所示。选取数值，在属性栏中选取适当的字体并设置文字大小，填充为黑色。选择"文本"工具 字 ，选取并修改需要的文字，效果如图 14-250 所示。

图 14-249

220mm

图 14-250

STEP 20 保持文字的选取状态。选择"文本属性"泊坞窗，选项的设置如图 14-251 所示。按 Enter 键，效果如图 14-252 所示。

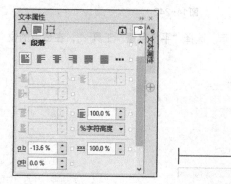

图 14-251

220mm

图 14-252

STEP 21 用上述方法标注左侧，效果如图 14-253 所示。选择"选择"工具，用圈选的方法全部选取需要的图形，拖曳到适当的位置，效果如图 14-254 所示。

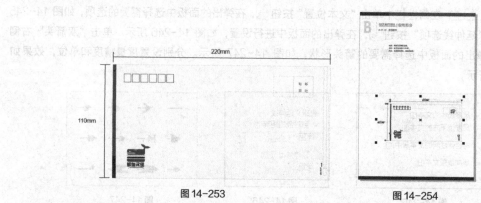

图 14-253

图 14-254

STEP 22 选择"选择"工具，选取矩形，按数字键盘上的+键，复制矩形，拖曳到适当的位置，效果如图 14-255 所示。按数字键盘上的+键，再次复制矩形，向上拖曳中间的控制手柄到适当的位置，效果如图 14-256 所示。

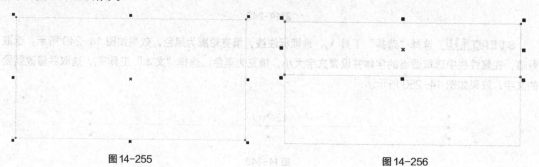

图 14-255

图 14-256

STEP☑23 选择"矩形"工具 □ ，绘制一个矩形，在属性栏单击"转角半径"框 中的"同时编辑所有角"按钮 ⬚ ，使其处于解锁状态。在"左下角"和"右下角"框中设置数值为 5mm，按 Enter 键，效果如图 14-257 所示。

STEP☑24 保持图形的选取状态。设置图形颜色的 CMYK 值为 0、0、0、10，填充图形，设置轮廓线颜色的 CMYK 值为 0、0、0、20，填充轮廓线，效果如图 14-258 所示。

图 14-257 　　　　　　　　　　　　　　　　　图 14-258

STEP☑25 按 Ctrl+Q 组合键，转换为曲线。选择"形状"工具 ↳ ，在适当的位置双击鼠标左键添加节点，效果如图 14-259 所示。用圈选的方法同时选取需要的节点，拖曳到适当的位置，效果如图 14-260 所示。

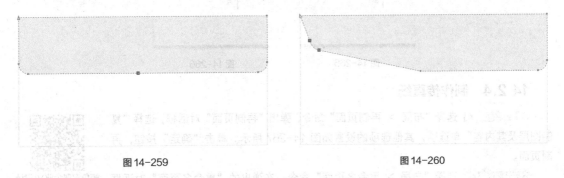

图 14-259 　　　　　　　　　　　　　　　　　图 14-260

STEP☑26 用上述方法将右侧的节点拖曳到适当的位置，效果如图 14-261 所示。选取下方的节点，单击属性栏中的"转换为曲线"按钮 🗝 ，将其转换为曲线点。选取左侧最下方的节点，单击属性栏中的"转换为曲线"按钮 🗝 ，将其转换为曲线点，效果如图 14-262 所示。

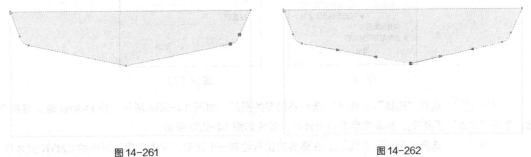

图 14-261 　　　　　　　　　　　　　　　　　图 14-262

STEP☑27 选择"形状"工具 ↳ ，拖曳需要的控制线到适当的位置，效果如图 14-263 所示。用相同的方法将其他控制线拖曳到适当的位置，效果如图 14-264 所示。

图 14-263   图 14-264

STEP 28 选择"选择"工具 ▶，用圈选的方法将信封背面拖曳到适当的位置，如图 14-265 所示。按 Shift+PageDown 组合键，将图层置于底层。五号信封制作完成，效果如图 14-266 所示。

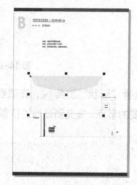

图 14-265   图 14-266

14.2.4   制作传真纸

STEP 1 选择"布局 > 再制页面"命令，弹出"再制页面"对话框，选择"复制图层及其内容"单选项，其他选项的设置如图 14-267 所示。单击"确定"按钮，再制页面。

STEP 2 选择"布局 > 重命名页面"命令，在弹出的"重命名页面"对话框中进行设置，如图 14-268 所示。单击"确定"按钮，重命名页面。

鲸鱼汉堡企业 VI 设计
B 部分 4

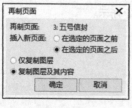

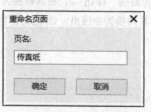

图 14-267   图 14-268

STEP 3 选择"选择"工具 ▶，选取不需要的图形，如图 14-269 所示。按 Delete 键，将其删除。选择"文本"工具 字，选取文字并将其修改，效果如图 14-270 所示。

STEP 4 选择"矩形"工具 □，在适当的位置绘制一个矩形，设置轮廓线颜色的 CMYK 值为 0、0、0、20，填充图形轮廓线，效果如图 14-271 所示。

STEP 5 选择"选择"工具 ▶，按数字键盘上的+键，复制矩形。向左拖曳矩形中间的控制手柄到适当的位置，调整其大小。设置图形颜色的 CMYK 值为 0、87、100、0，填充图形，并去除图形的轮廓线，效果如图 14-272 所示。

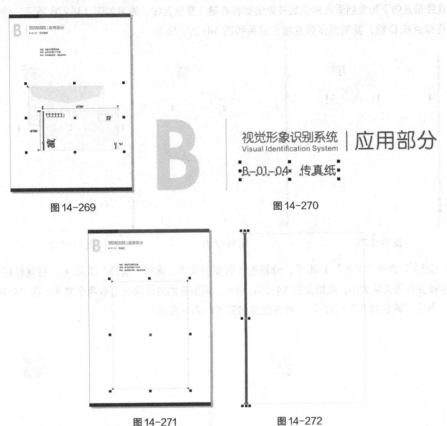

图 14-269

视觉形象识别系统
Visual Identification System ｜ 应用部分

B-01-04 传真纸

图 14-270

图 14-271

图 14-272

STEP **6** 按数字键盘上的+键，复制矩形。选择"选择"工具 ，向下拖曳矩形中间的控制手柄到适当的位置，调整其大小。在"CMYK 调色板"中的"红"色块上单击鼠标左键，填充图形，效果如图 14-273 所示。

STEP **7** 选择"鲸鱼汉堡标志"文件，选择"选择"工具 ，选取标志和文字，按 Ctrl+C 组合键，复制标志和文字。返回到正在编辑的页面，按 Ctrl+V 组合键，粘贴标志和文字。选择"选择"工具 ，将其拖曳到适当的位置并调整其大小，效果如图 14-274 所示。

图 14-273

图 14-274

STEP **8** 选择"2 点线"工具 ，按住 Shift 键的同时，在适当的位置绘制直线。设置轮廓线颜色的 CMYK 值为 0、0、0、20，填充直线，效果如图 14-275 所示。选择"选择"工具 ，按住 Shift 键的同时，将直线垂直向下拖曳到适当的位置并单击鼠标右键，复制直线，效果如图 14-276 所示。按住 Ctrl 键的同时，连续点按 D 键，复制出多条直线，效果如图 14-277 所示。

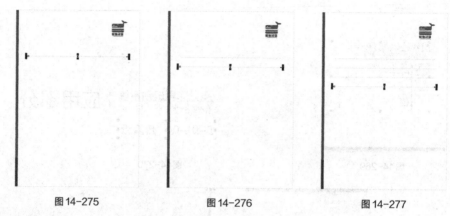

图 14-275　　　　　　　　　图 14-276　　　　　　　　　图 14-277

STEP 9 选择"文本"工具 ，分别输入需要的文字。选择"选择"工具 ，在属性栏中分别选取适当的字体并设置文字大小，效果如图 14-278 所示。用圈选的方法同时选取两个文字，在"对齐与分布"泊坞窗中，单击"底端对齐"按钮 ，对齐效果如图 14-279 所示。

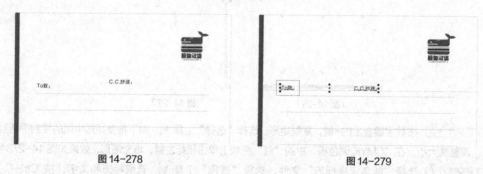

图 14-278　　　　　　　　　　　　　　　图 14-279

STEP 10 用相同的方法输入下方的文字，效果如图 14-280 所示。选择"文本"工具 ，在适当的位置输入需要的文字。选择"选择"工具 ，在属性栏中选取适当的字体并设置文字大小，效果如图 14-281 所示。传真纸制作完成，效果如图 14-282 所示。

图 14-280　　　　　　　　　图 14-281　　　　　　　　　图 14-282

14.2.5 制作员工胸卡

STEP⇖1 选择"布局 > 再制页面"命令，弹出"再制页面"对话框，选择"复制图层及其内容"单选项，其他选项的设置如图 14-283 所示。单击"确定"按钮，再制页面。

STEP⇖2 选择"布局 > 重命名页面"命令，在弹出的"重命名页面"对话框中进行设置，如图 14-284 所示。单击"确定"按钮，重命名页面。

鲸鱼汉堡企业 VI 设计
B 部分 5

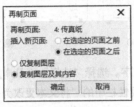

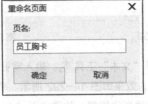

图 14-283　　　　　　　　　　　图 14-284

STEP⇖3 选择"选择"工具 �, 选取不需要的图形，如图 14-285 所示。按 Delete 键，将其删除。选择"文本"工具 字，选取文字并将其修改，效果如图 14-286 所示。

图 14-285

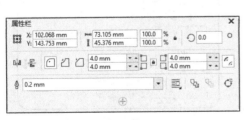

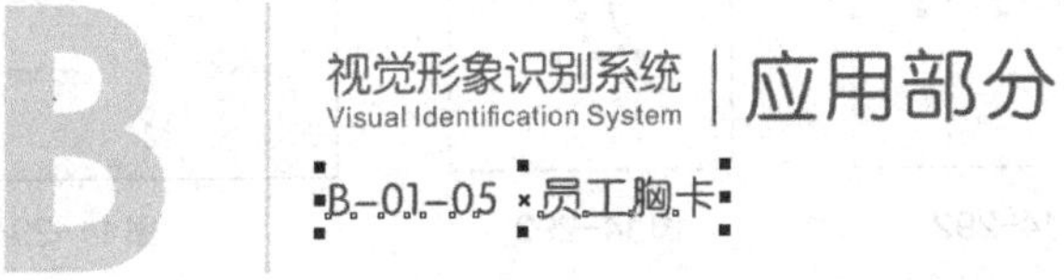

图 14-286

STEP⇖4 选择"矩形"工具 □，绘制一个矩形，在属性栏的"转角半径"框中进行设置，如图 14-287 所示，效果如图 14-288 所示。

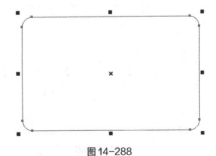

图 14-287　　　　　　　　　　　图 14-288

STEP⇖5 选择"矩形"工具 □，在适当的位置绘制一个矩形，如图 14-289 所示。在"对象属性"泊坞窗中，单击"线条样式"选项右侧的按钮，在弹出的面板中选择需要的样式，如图 14-290 所示，效果如图 14-291 所示。

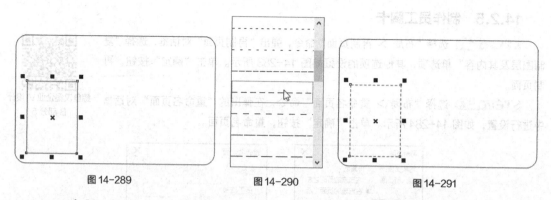

图 14-289   图 14-290   图 14-291

STEP 6 选择"文本"工具 **字**，输入需要的文字。选择"选择"工具 **↖**，在属性栏中选取适当的字体并设置文字大小，效果如图 14-292 所示。单击属性栏中的"将文本更改为垂直方向"按钮 **▥**，垂直排列文字，并拖曳到适当的位置，效果如图 14-293 所示。选择"文本属性"泊坞窗，选项的设置如图 14-294 所示，效果如图 14-295 所示。

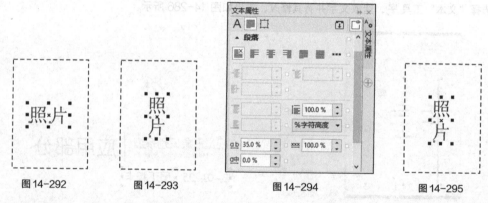

图 14-292   图 14-293   图 14-294   图 14-295

STEP 7 选择"2点线"工具 **⟋**，按住 Shift 键的同时，在适当的位置绘制直线。设置轮廓线颜色的 CMYK 值为 0、0、0、20，填充直线，效果如图 14-296 所示。选择"选择"工具 **↖**，按住 Shift 键的同时，将直线垂直向下拖曳到适当的位置并单击鼠标右键，复制直线，效果如图 14-297 所示。

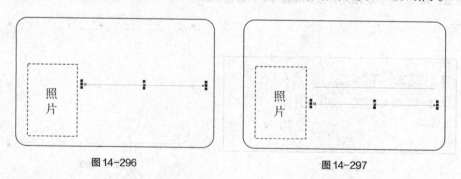

图 14-296   图 14-297

STEP 8 按住 Ctrl 键的同时，连续点按 D 键，复制出多条直线，效果如图 14-298 所示。选择"文本"工具 **字**，输入需要的文字。选择"选择"工具 **↖**，在属性栏中选取适当的字体并设置文字大小，效果如图 14-299 所示。

图 14-298

图 14-299

STEP 9 用相同的方法输入其他文字,效果如图 14-300 所示。选择"选择"工具 ,用圈选的方法同时选取文字,在"对齐与分布"泊坞窗中,单击"左对齐"按钮 ,对齐效果如图 14-301 所示。

图 14-300

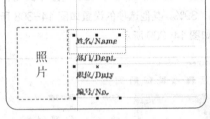

图 14-301

STEP 10 选择"鲸鱼汉堡标志"文件,选取标志图形,按 Ctrl+C 组合键,复制图形。返回正在编辑的页面,按 Ctrl+V 组合键,粘贴图形。选择"选择"工具 ,将其拖曳到适当的位置并调整其大小,效果如图 14-302 所示。

STEP 11 选择"矩形"工具 ,绘制一个矩形,在属性栏的"转角半径"框中均设置数值为 3mm,按 Enter 键,效果如图 14-303 所示。

图 14-302

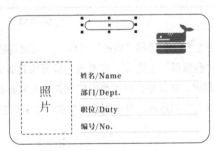

图 14-303

STEP 12 选择"矩形"工具 ,绘制一个矩形,填充图形为白色,设置轮廓线颜色的 CMYK 值为 0、0、0、40,填充轮廓线,效果如图 14-304 所示。选择"椭圆形"工具 ,按住 Ctrl 键的同时,在适当的位置绘制圆形,如图 14-305 所示。

STEP 13 选择"选择"工具 ,按数字键盘上的+键,复制圆形,按住 Shift 键的同时,等比例缩小图形,效果如图 14-306 所示。

STEP 14 选择"选择"工具 ,用圈选的方法同时选取两个圆形,单击属性栏中的"移除前面对象"按钮 ,效果如图 14-307 所示。

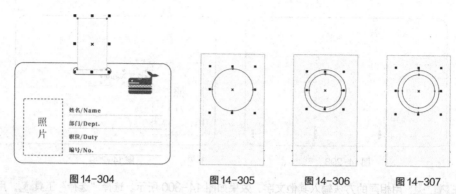

图 14-304   图 14-305   图 14-306   图 14-307

STEP ↘15 按 F11 键，弹出"编辑填充"对话框，单击"渐变填充"按钮 ▨，在"节点位置"选项中分别添加并输入 0、51、100 三个位置点，分别设置三个位置点颜色的 CMYK 值为 0 对应（0、0、0、80）、51 对应（0、0、0、0）、100 对应（0、0、0、70），将下方两个三角形图标的"节点位置"分别设置为 19%、39%，其他选项的设置如图 14-308 所示。单击"确定"按钮，填充图形，并去除图形的轮廓线，效果如图 14-309 所示。

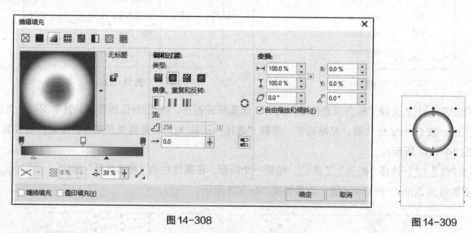

图 14-308   图 14-309

STEP ↘16 选择"矩形"工具 ▢，在适当的位置绘制一个矩形，填充为白色，效果如图 14-310 所示。选择"椭圆形"工具 ◯，在适当的位置绘制椭圆形，如图 14-311 所示。选择"选择"工具 ▸，按住 Shift 键的同时，将其拖曳到适当的位置并单击鼠标右键，复制椭圆形，如图 14-312 所示。按住 Shift 键的同时，选取上方的矩形，单击属性栏中的"合并"按钮 ⬒，合并图形，效果如图 14-313 所示。

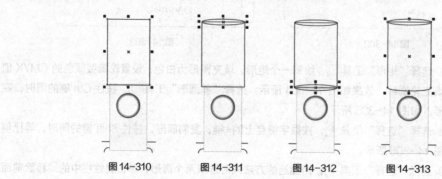

图 14-310   图 14-311   图 14-312   图 14-313

STEP ↘17 按 F11 键，弹出"编辑填充"对话框，单击"渐变填充"按钮 ▨，在"节点位置"选项中分别添加并输入 0、17、40、84、100 五个位置点，分别设置五个位置点颜色的 CMYK 值为 0 对应（0、0、0、80）、17 对应（73、71、71、35）、40 对应（0、0、0、0）、84 对应（0、0、0、0）、100 对应（0、0、0、60），其他选项的设置如图 14-314 所示。单击"确定"按钮，填充图形，并去除图形的轮廓线，效果如图 14-315 所示。

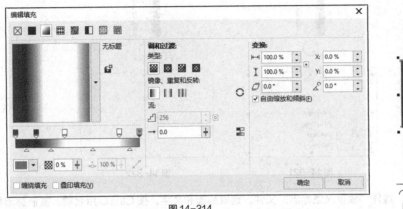 

图 14-314　　　　　　　　　　　　　　　　图 14-315

STEP 18 选择"选择"工具，选取上方的椭圆形，选择"属性滴管"工具，在下方的图形上单击吸取属性，如图 14-316 所示。鼠标变为填充图形，在椭圆形上单击，如图 14-317 所示，填充效果如图 14-318 所示。

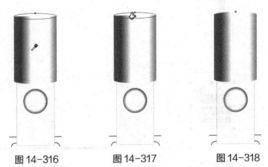

图 14-316　　　　　图 14-317　　　　　图 14-318

STEP 19 按 F11 键，弹出"编辑填充"对话框，单击"渐变填充"按钮，在弹出的窗口中单击"反转填充"按钮，如图 14-319 所示。单击"确定"按钮，效果如图 14-320 所示。

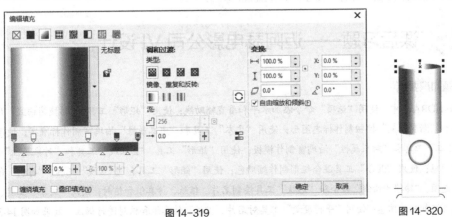

图 14-319　　　　　　　　　　　　　　　　图 14-320

STEP⤵20 选择"选择"工具 ▶，用圈选的方法同时选取需要的胸卡图形，按数字键盘上的+键，复制图形，并拖曳到适当的位置。选取不需要的图形和文字，如图14-321所示。按Delete键，删除不需要的图形，如图14-322所示。

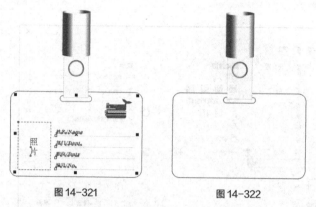

图14-321　　　　　　　　　　图14-322

STEP⤵21 选择"鲸鱼汉堡标志"文件，选取标志和文字，按Ctrl+C组合键，复制标志和文字。返回正在编辑的页面，按Ctrl+V组合键，粘贴标志和文字。选择"选择"工具 ▶，将其拖曳到适当的位置并调整其大小，效果如图14-323所示。员工胸卡制作完成，效果如图14-324所示。

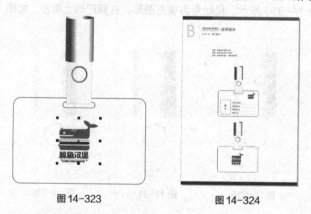

图14-323　　　　　　　　　　图14-324

STEP⤵22 按Ctrl+S组合键，弹出"保存绘图"对话框，将制作好的图像命名为"VI设计B部分"，保存为CDR格式，单击"保存"按钮，保存图像。

14.3 课后习题——迈阿瑟电影公司VI设计

⊕ 习题知识要点

　　在CorelDRAW中，使用"选项"命令添加水平和垂直辅助线；使用"矩形"工具、"转换为曲线"命令、"形状"工具和"渐变填充"按钮制作标志图形；使用"文本"工具和"文本属性"泊坞窗制作标准字；使用"矩形"工具、"文本"工具和"对象属性"泊坞窗制作模板；使用"矩形"工具、"2点线"工具和"对象属性"泊坞窗制作预留空间框；使用"混合"工具混合矩形制作辅助色；使用"矩形"工具、"2点线"工具、"再制"命令、"转角半径"选项、"转换为曲线"命令和"形状"工具绘制名片、信纸、传真纸和信封；使用"文本"工具、"对象属性"泊坞窗添加相关信息；使用"平行度量"工具对名片、信纸、传真纸和信封进行标注。效果如图14-325所示。

效果所在位置

资源包 > Ch14 > 效果 > 迈阿瑟电影公司设计 > VI 设计基础部分.cdr、VI 设计应用部分.cdr。

制作标志墨稿

制作标志反白稿

制作标志预留空间与最小比

例限制

图 14-325

制作企业全称
中文字体

制作企业标准色

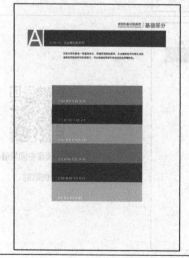

制作企业辅助色

图 14-325（续）

制作企业名片

制作企业信纸

制作五号信封

图 14-325（续）

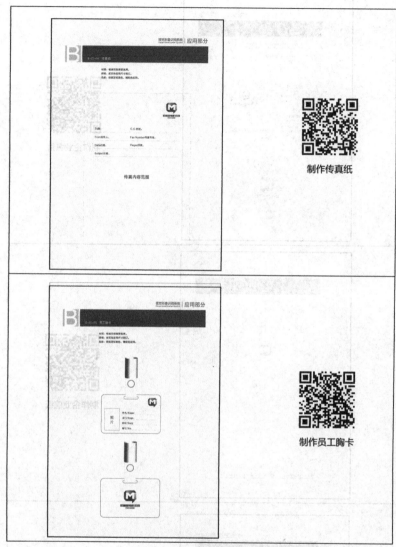

制作传真纸

制作员工胸卡

图 14-325（续）